Shetlandponys

8. überarbeitete und erweiterte Auflage

Johannes Erich Flade

W/V Die Neue Brehm–Bücherei Bd. 243
Westarp Wissenschaften · Hohenwarsleben · 2001

Mit 48 Abbildungen, 34 Tabellen und 4 Farbtafeln

Die Deutsche Bibliothek — CIP-Einheitsaufnahme

Flade, Johannes Erich:
Shetlandponys / von Johannes Erich Flade
8. Aufl. – Hohenwarsleben: Westarp–Wiss., 2001
    (Die Neue Brehm–Bücherei; Bd. 243)
    ISBN 3-89432-168-7

Titelbild: Hengst Rondo v. d. Langenbach, geb. 1991, im Shetlandgestüt »In der Langenbach« (Foto: M. BÜDENBENDER, 2000).

© 2001 Westarp Wissenschaften-Verlagsgesellschaft mbH, Hohenwarsleben
http://www.westarp.de

Satz und Layout: Gabi Severin
Druck und Bindung: Druckhaus Laun & Grzyb, Wolmirstedt

Vorwort

Seit Urzeiten kamen die Menschen in den gemäßigten Zonen unserer Erde mit Wildpferden in Berührung. Sie nutzten sie als Fleischlieferanten und jagten sie deshalb. Die 1940 in der südwestfranzösischen Landschaft Périgord entdeckten, etwa 16.000 Jahre alten Pferdedarstellungen in der Höhle von Lascaux zeigen, daß die Wildpferde offensichtlich schon in der europäischen Altsteinzeit in unterschiedlichen Größen vorhanden waren. Vielleicht kannten die damaligen Künstler schon die durch hartes Klima, ungünstige Lebensbedingungen und sexuelle Isolation entstandenen kleineren Pferdetypen – falls sie nicht nur von ihrer Phantasie lebten.

Seitdem das Wildpferd vor ungefähr 6.000 Jahren in den Hausstand überführt worden und damit eine künstliche Selektion in die vom Menschen gewünschte Richtung erfolgt ist, wurde eine große Anzahl von verschiedenartigen Hauspferderassen gezüchtet, die sich auch hinsichtlich ihrer Größe stark unterschieden. Je nach ihrer Verwendung im Transportwesen, im Krieg, in der Landwirtschaft, im Bergbau und anderswo verschwanden einige wieder, andere kamen neu hinzu.

Zu den ältesten und originellsten europäischen Pferderassen gehören die Shetlandponys. Weil man andere Ponyrassen kaum kannte, waren sie in unseren Breiten bis vor etwa 70 Jahren der Begriff für »Ponys« oder »Ponies« schlechthin. Lange bevor die britischen Inseln vor 15.000 Jahren durch den Anstieg des Meersspiegels vom Festland getrennt wurden und die sie heute umgebenden Inseln entstanden, waren dort Wildpferde auch in kleineren Typen vorhanden, aufgrund des nach Norden zu immer härteren Klimas und der Isolation. Sie blieben unbeeinflußt bis in die Bronzezeit (um 1.000 v. Chr.). Von dieser Zeit an konnten Schiffe gebaut werden, die größere Haustiere, so auch Pferde, beförderten. Diese kamen vorwiegend aus Skandinavien, und es gilt heute als ziemlich sicher, daß dadurch auch die Grundlage der kleinen Pferde auf den Shetlandinseln gelegt wurde. Möglich ist auch, daß Einwanderer sie von Nordschottland auf ihren kleinen Booten mitbrachten, als sie die Shetlandinseln erreichten. Geschichtlich nachgewiesen sind die Ponys seit etwa 700 n. Chr. durch die Wikinger, die sie auf ihren Kreuzfahrten, auf denen sie eigene Ponys mitführten, dort entdeckten und erstaunt berichteten, daß die kleinen Pferde den Bauern den angeschwemmten Seetang zum Düngen ihrer Felder herantrugen. Auf alle Fälle sind die Shetlandponys seit mehreren tausend Jahren auf den Inseln ihres Archipels vorhanden und bilden damit eine der ältesten Haustierrassen überhaupt.

Nachdem die Rasse durch jahrzehntelangen Verkauf der besten und stärksten Ponys in britische Kohlengruben Mitte des 19. Jahrhundert schwer geschädigt und fast verschwunden war, haben einige umsichtige Züchter von etwa 1870 an erfolgreich deren Wiederbelebung betrieben, so daß sie bis heute erhalten und inzwischen weit über die Shetlandinseln hinaus verbreitet ist. Die Ponys zeichnen sich unter anderem durch Anspruchslosigkeit, Ausdauer, große konstitutionelle Qualität, Zuverlässigkeit und zu »Großpferden« im Vergleich hohe Leistungsfähigkeit aus.

Autor und Verlag wünschen vielen Familien die Freude des persönlichen Umganges mit diesen sehr lebendigen, liebenswerten vierbeinigen Hausgenossen, denen diese Monographie gewidmet ist.

Dr. Dr. h.c. Johannes Erich Flade   Verlag Westarp Wissenschaften

Abb. 1: Unter den über 600 gemalten Darstellungen in der Höhle von Lascaux nahe Montignac/ Frankreich sind auch Abbildungen von kleinen Pferden. Die Grotte wurde von etwa 15.000 bis 9.000 v. Chr. genutzt und 1940 wiederentdeckt.

Inhaltsverzeichnis

1 Herkunft und Zuchtgeschichte

Die eigentliche Heimat der Shetlandponys sind die Shetlandinseln. Diese aus 117 Felseneilanden bestehende Region mit etwa 1430 km^2 liegt an der Grenze zwischen der Nordsee und dem Atlantischen Ozean auf 60 bis 61° nördlicher Breite, etwa 200 km nördlich von Schottland, 800 km südlich von Island und 300 km westlich von Norwegen. Von den 117 Inseln sind etwa 24 bewohnt. Es leben dort rund 23.000 Menschen (2000), die sich hauptsächlich von Fischfang und -verarbeitung, weiterhin vom Ackerbau (Gerste, Hafer, Flachs, Kartoffeln) und von der Viehzucht, vor allem vom Shetlandschaf ernähren. Über 90% der Fläche der Shetlandinseln werden extensiv bewirtschaftet; nur auf rund 3,5% der Fläche, vorwiegend in fruchtbaren Tälern und im Küstenbereich, wird Ackerbau betrieben. Die Herstellung von Stickerei- und Tweedwaren hat wegen der Schafhaltung große Tradition (»Knitt ware«, ein weltbekannter Begriff für die Wollerzeugnisse der Shetlandinseln). Infolge der etwa 130 bis 160 km nördlich der Inseln erschlossenen, reichen Erdölvorkommen in der Nordsee spielt dessen Verarbeitung eine besonders wichtige wirtschaftliche Rolle. Ein großer Terminal befindet sich in Sullom Voe, etwa 14 km nördlich Lerwick auf Mainland, die der Hauptstadt zugleich wichtigster Umschlagplatz ist. Das auf der Westseite der gleichen Insel liegende Scalloway nahm lange Zeit diese Rolle ein; dort hatte im 12. Jahrhundert das Geschlecht der später »Stuart« (= Stewart) genannten Adligen seinen Ursprung. Bis 1469 gehörten die Shetlandinseln zur dänischen Krone (mit Norwegen und Schweden) und Scalloway war bis dahin Sitz des norwegischen Statthalters, später des Vogtes (Foud) der schottischen Könige, in deren Dienste die Stuarts um 1136 getreten waren und deren Nachfolge sie 1371 mit König ROBERT II. (1316 bis 1390) begonnen hatten. Zu den größten Inseln des Archipels gehören neben Mainland die nördlich gelegenen Yell, Unst, Fetlar und Bressay.

Die Inseln selbst sind felsig und durch eine stark zerklüftete, steil abfallende Küstenlinie gekennzeichnet. Das Binnenland liegt 40 bis 100 m hoch (höchste Erhebung 450 m) und ist hügelig gestaltet. Zu etwa 90% ist es mit einer einen Meter hohen Moorschicht bedeckt, auf der nur eine kümmerliche Vegetation gedeiht. Sie besteht vorwiegend aus Isländischem Moos und Heidekraut, das nur einige Zentimeter hoch wird. Blaubeersträucher und kleinere Grasflächen lockern die Flächen auf. Am Strand der Küste wächst Seegras. Bäume und Büsche sind infolge der armen Granit- und Schieferböden, der ständigen starken Winde und des hohen Salzgehalts der Luft nicht vorhanden, Obstbäume und -sträucher fehlen ebenfalls, von wenigen Exemplaren abgesehen, die der Mensch an künstlich geschaffenen, windgeschützten Stellen (Mauern) anpflanzt und hegt. Einzige Ausnahme ist der Rhabarber, der stabil genug ist, die Witterungsunbilden zu überstehen. In den Torfmooren finden sich noch Reste von Eichen und Birken, die Zeugnis von ehemaligen großen Waldbeständen auf den Inseln ablegen.

Als im sechsten Jahrhundert die norwegischen Wikinger auf die Shetlandinseln kamen, gab es dort noch große Wälder, deren Umfang aber schon seit der im fünften Jahrhundert erfolgten Klimaveränderung abgenommen haben muß. Alte Shetlandsagen (Balladen) in der »Norn« (halbnordische Sprache) sprechen noch von »scowan« (altnordisch: skoginn = der Wald). Die Normannen, die im achten bis zehnten Jahrhundert die Inseln besetzten und neu besiedelten, verbrauchten innerhalb von zwei Jahrhunderten den gesamten vorhandenen Waldbestand für Schiffbau, Hausbau und Feuerung.

Die Fauna der Inseln besteht aus großen Mengen von Wasservögeln aller Arten, vor allem Möwen. Weiterhin sind Schnepfen, die kleinen Bergtauben sowie Hasen und Kaninchen anzutreffen. Einige kleine Inseln sowie Inselteile sind seit 1955 zu Vogelschutzreservaten und Naturschutzgebieten erklärt wurden (HOFFMANN-BURCHARDI 1968, KRISCHE 1977).

Entsprechend ihrer geographischen Lage sind die klimatischen Verhältnisse der Shetlandinseln extrem maritim. Sie stehen weitgehend unter dem Einfluß des Golfstroms und sind außerdem noch stark von der nördlichen Lage bestimmt. Das Klima ist feucht, es gibt im Jahr praktisch keinen sturm- und regenfreien Tag. Bei vollem Sturm erreicht der Wogenschlag des Atlantiks gewaltige Ausmaße; 60 m hohe Kliffs werden von den Wellen überflutet. Im Sommer scheint die Sonne nur stundenweise. Durch den Golfstrom ist die Wassertemperatur mit einem Durchschnittswert von etwa 9,4°C relativ hoch und verleiht den Shetlandinseln ein ausgeglichenes, bezüglich der nördlichen Lage mildes Klima.

Die Jahresdurchschnittstemperatur liegt mit 7°C etwa 2° unter der Mitteleuropas bei einer abnorm niedrigen Temperaturamplitude, die mit 8,1 kaum 50% des für unser Gebiet gültigen Wertes erreicht. Der Unterschied zwischen dem kältesten und wärmsten Monat ist also nur gering, wobei der kälteste Monat relativ etwas wärmer als in Deutschland, der wärmste Monat im Vergleich kalt ist, so daß im ganzen gesehen im Lauf des Jahres keine wesentliche Erwärmung eintritt.

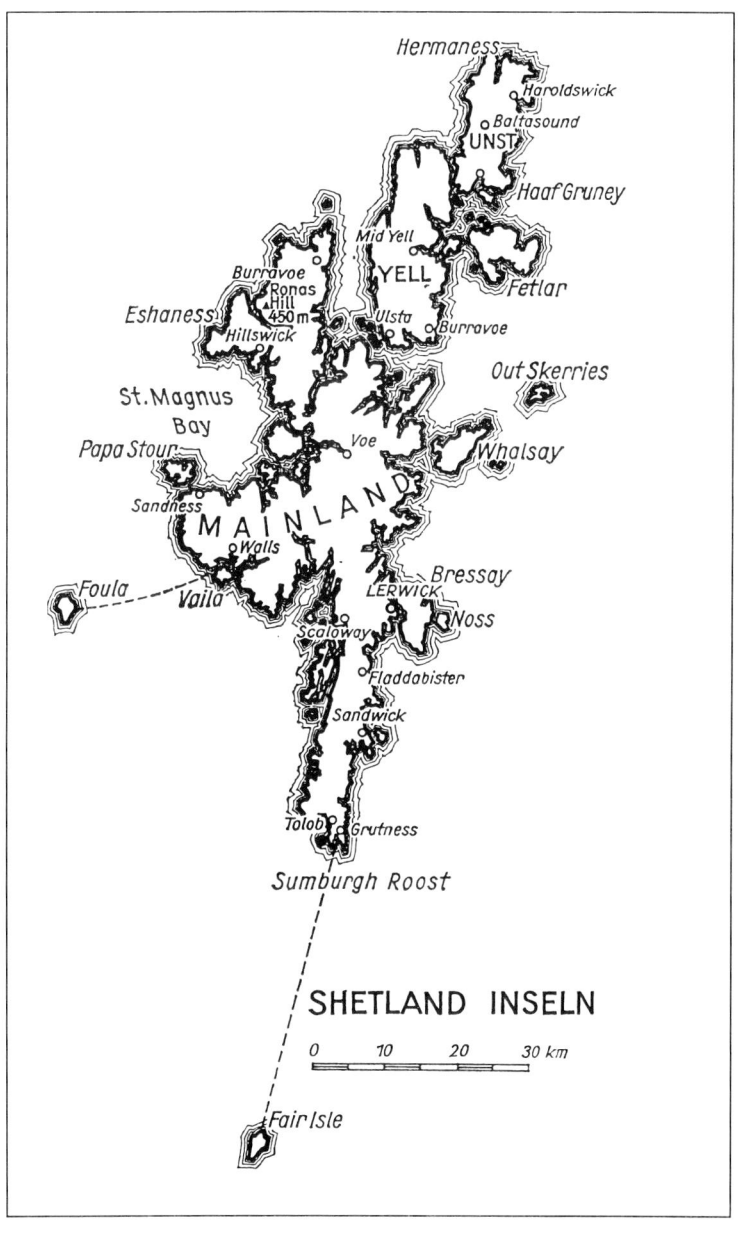

Abb. 2: Shetlandinseln, Maßstab 1:1 000 000.

Die Regenmenge ist mit 950 mm Jahresdurchschnitt groß und liegt, auf die gleiche Höhenlage bezogen, um über ein Drittel höher als die in Mitteleuropa.

Die Sommer sind sehr kurz und oft heiß, die Winter mäßig kalt, neblig und meist schneearm. Durch die nördliche Lage der Inselgruppe tritt im Hochsommer nachts nur Halbdämmerung ein, die Winternächte werden häufig durch Nordlichter (»merry dancers«) erhellt.

Politisch gehören die Shetlandinseln zu Großbritannien. Sie bilden mit den 80 km südlicher gelegenen Orkneyinseln (altnordisch Orknejar = Insel der orc-Leute = Walfänger), deren Hauptinsel Mailand of Orkney in der Wikingerzeit Hrossey (altnordisch hros = Pferd = Pferdeinsel) genannt wurde, eine gemeinsame Grafschaft.

Während des Eiszeitalters war das Shetlandatoll eine der großen nordeuropäischen Inseln. Diese wurde auch in weit zurückliegenden Zeiträumen von den Orkneys stets durch die See getrennt. Die Orkneyinseln selbst waren mit dem heutigen nordschottischen Caithness verbunden und bildeten ein großes Vorgebirge. Zwischen den Britischen Inseln und dem europäischen Kontinent bestand eine breite Landverbindung. Durch den Anstieg des Meeresspiegels um etwa 100 m (durch Schmelzen der Gletscher) zwischen 20.000 und 10.000 v. Chr. wurde die heute bestehende Trennung der Britischen Inseln vom Kontinent bzw. der Orkneys von Schottland ausgelöst. Die heutigen Shetland- und Orkneyinseln sind also nur noch die sichtbaren Reste des durch das Meer überfluteten Gebietes der jetzigen Nordsee.

Die urgeschichtliche Besiedlung von Schottland einschließlich der Orkneyinseln war infolge der bestehenden Landbrücken möglich (etwa vor 500.000 Jahren), beschränkte sich aber infolge der mehrmaligen Vergletscherung auf nur gelegentliche Anwesenheit von Sammler- und Jägergruppen. Auf den Shetlandinseln haben sich anscheinend solche Gruppen infolge der fehlenden Landverbindung in der Urzeit nicht aufgehalten. Entsprechend der geologischen Entwicklung gibt es dort auch keine Funde von Wildpferden, während diese bis zu den Orkneyinseln vom Süden her einwandern konnten.

Seit der Steinzeit jedoch sind die Shetlandinseln bewohnt, sicher geringer als die Orkneyinseln. Es sei in diesem Zusammenhang an die 1928/1930 ausgegrabene steinzeitliche Siedlung Skara Brae auf den Orkneyinseln erinnert, deren Alter auf über 4.000 Jahre geschätzt wird. Bereits in der Jungsteinzeit wurde dort Ackerbau (Gerste) betrieben.

Pferde sind also durch die Menschen von Süden her zu den Shetlandinseln auf Schiffen gebracht worden. Dabei kann es sich nur um Angehörige der Picten (lat.: picti = die Gemalten, d. h. die Tätowierten) gehandelt haben; Picten ist die spätere (etwa seit dem ersten Jahrhundert) römische Sammelbezeichnung für die um 500 v. Chr. nach Schottland eingedrungenen keltischen Stämme, die bis Mitte des neunten nachchristlichen Jahrhunderts mit den im fünften und sechsten Jahrhundert aus Irland eingewanderten keltischen Skoten (vgl. »Scotland« = »Schottland«) verschmolzen. Die frühen Bewohner der Shetlandinseln gehören also derselben Bevölkerungsgruppe an wie die Nordschotten. Auch Sitten und Gebräuche, Bauten und Verteidigungsart waren weitgehend die gleichen (HAACK 1967).

Die Geschichte der Picten ist noch nicht vollständig geklärt. Von älteren Autoren werden sie als Seefahrer, Robbenjäger und Walfänger beschrieben, aber nicht als Reitervolk. In ihren sehr eindrucksvollen Kunstwerken kommen jedoch keine Boote vor, sondern eine Vielzahl von in Stein gemeißelten Pferdedarstellungen. Interessant dabei ist allerdings, daß diese keine Shetlandponys erkennen lassen. Die abgebildeten Pferde, auch das auf dem 1864 gefundenen berühmten Bressay-Stein (Shetlandinseln), sind größer und stellen verschiedene Typen dar, darunter auch einige sehr edle. Ihre Reiter sitzen ohne Steigbügel und werden in der charakteristischen Haltung isländischer Reiter gezeigt, deren Pferde die den Islandponys eigene Tölt-Gangart gehen.

Andererseits sind in der Altsteinzeit größere Herden von Wildpferden im Shetlandponytyp in Nordostschottland (Caithness) nachgewiesen. Zur Zeit der römischen Besetzung im ersten bis vierten Jahrhundert n. Chr. war ein im Modell des Shetlandponys stehendes Zwergpferd in Schottland weit verbreitet. Die unterirdischen »Pictshouses«, die auf den Shetlandinseln und in den schottischen Lowlands gleichartig sind, waren Ställe für die Pferde. Aus dem zweiten Jahrhundert sind solche Erdställe mit Resten von Ponys (102 cm Widerristhöhe) in Angus (Forthbucht) gefunden worden. Auch in den Trümmern einer Kaserne des römischen Grenzbatallions in Newstead/Tweed wurden Gebeine von Zwergpferden gefunden, die um 150 n. Chr. dort gehalten wurden. Die Wikinger berührten auf ihren Kreuzfahrten auch die Shetlandinseln und berichteten über die kleinen Pferde, die dort lebten (DENT & GOODALL 1962).

Ausgehend von diesen historischen Tatsachen ist es sehr wahrscheinlich, daß das Shetlandpony zunächst von dem vor etwa 2.000 Jahren in Nordschottland lebenden kleinen Hauspferd abstammt, das ihm in seiner Wuchsform sehr ähnlich war. Dieses wiederum ist wahrscheinlich dem kleinen britischen Hauspferd keltischer Herkunft gleichzusetzen. Inwieweit eine eigenständige Domestikation der noch zu römischer Zeit möglicherweise vorhandenen kleinen Wildpferde in Nordschottland statt-

gefunden und diese Entwicklung beeinflußt hat, bleibt dabei offen.
Jedenfalls ist sicher, daß bereits in der vornormannischen Zeit Pferde auf
den Shetlandinseln vorhanden waren.

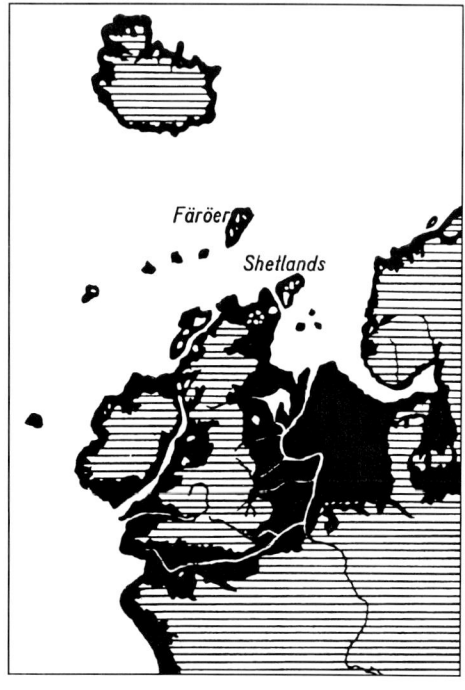

Abb. 3: Küste Nordwesteuropas zwischen dem 20. und 10. Jahrtausend v. Chr. Die Küstenlinie der damaligen Landfläche (schwarz gezeichnet) verläuft heute in 100 m Meerestiefe. (nach DENT &. GOODALL).

Im Verlauf der Eroberungszüge norwegisch/dänischer Normannen zwischen dem achten und elften Jahrhundert erfolgte 878 die Besetzung der Shetlandinseln durch die Norweger unter König HARALD I. (= Hairfair = Schönhaar, um 850 bis um 933). Die Orkneyingasaga berichtet darüber. Die Normannen (= Yinglinge) gaben den Inseln den Namen Hjaltland, der sich schon frühzeitig in Hjatland und später in Hjetland umformte. Das Hj wird im Norwegischen sehr oft wie Sh ausgesprochen, so daß aus Hjetland Shetland wurde; die nördliche Einfahrt nach Bergen/Norwegen, die von den Shetländern benutzt wurde, heißt Hjelte-Fjord (norwegisch: Hjelter = Shetländer). Sicher sind auf diese Weise auch skandinavische Ponys größerer Widerristhöhe mit auf die Inseln gebracht worden. Sie fielen dort jedoch den ungünstigen Haltungsbedingungen zum Opfer oder wurden von den vorhandenen kleineren Ponys assimiliert.

Bereits im Mittelalter waren die Shetlandponys unter dem Begriff »Sheltties« (vgl. nordisch Hjack = Hjelte = Sheltie oder Shelttie) bekannt. Wahrscheinlich infolge der sehr ähnlichen typischen Zwergwuchsform auch bei den Highlandponys in Nordschottland wird dieselbe Bezeichnung (BROWN 1831) auch für diese Ponys verwendet, die in der älteren Literatur auch als »Shulties« bezeichnet werden. Im übrigen wird die auf den schottischen Hochebenen und auf den Shetlandinseln schon seit sehr langer Zeit als Schäferhund gehaltene Zwergrasse »Shetland-Sheepdog/ Sheep-border-Collies« ebenfalls mit dem Wort »Sheltie« (aber nur mit einem t) benannt. Sie gehört mit den Rassen »Collie« und »Bobtail« zu den altenglischen/ altschottischen Hütehunden. Auch hier handelt es sich um eine gutproportionierte Zwergrasse – etwa 35 cm Widerristhöhe –, so daß möglicherweise das Wort »Sheltie« oder »Shelttie« nicht nur auf die geographische Herkunft verweisen soll, sondern generell für eine kleine Rasse oder für ein kleines Tier angewendet wurde und sich in diesem Sinn verschiedentlich gehalten hat.

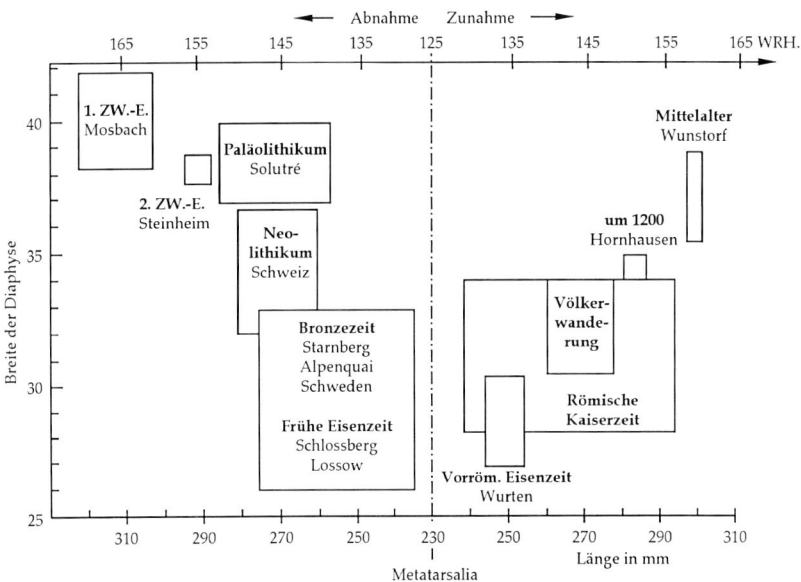

Abb. 4: Größenwandel der Wild- und Hauspferde, Mittelfußknochen und Widerristhöhe. Metatarsalia = Mittelfußknochen, Diaphyse = Mittelteil des Mittelfußknochens, WRH = Widerristhöhe (nach NOBIS).

1397 wurden Dänemark und Norwegen unter dem dänischen König ERIK VII. (1382 bis 1459), der zugleich schwedischer König (als ERIK XIII.) war, zur Union vereinigt. Der schottische König JAMES III. (1452 bis 1488) heiratete 1469 die ihm ein Jahr zuvor versprochene norwegische Prinzessin MARGARET, eine Tochter vom Unions-König CHRISTIAN I. (1425 bis 1481). Die Mitgift von 60.000 Rheinischen Gulden wurde zu einem Sechstel bar bezahlt; für die noch fehlenden 50.000 wurden dem jungen Paar die damals norwegischen Orkney- und Shetlandinseln von CHRISTIAN I. verpfändet. Der fällige Geldbetrag konnte allerdings nicht gezahlt werden und so fielen die Inselgruppen 1472 an die schottische Krone (COX 1965), mit dieser dann 1603 in Personalunion und 1707 in Realunion an England.

Tab. 1: Klimawerte in Nordwesteuropa (A= Amplitude und Σ= Summe).

Station	Temperatur in C°/ Monat				Regenmenge in mm/ Monat		
	Ø	max.	min.	A	Σ	max.	min.
Island	5,1	10,6/06	1,2/12	9,4	1320	140/12	80/05
Shetlands	7,1	11,6/08	3,5/02	8,1	950	110/10+12	40/01
Orkneys	7,6	12,4/08	3,9/02	8,5	930	110/10	50/05
Aberdeen	7,8	13,7/07	3,3/01	10,4	800	80/12+8	50/06
London	9,8	17,3/07	3,4/01	13,9	620	70/10	40/04
Bergen/N.	7,0	14,4/07	0,9/02	13,5	1960	230/10	100/04
Utrecht	9,0	16,8/07	1,5/01	15,3	700	80/8	40/04

Tab. 2: Klimawerte in Mitteleuropa (A= Amplitude und Σ= Summe).

Station	Temperatur in C°/ Monat				Regenmenge in mm/ Monat		
	Ø	max.	min.	A	Σ	max.	min.
Berlin	8,6	18,0/07	0,7/01	18,7	580	80/07	40/02
Kopenhagen	7,7	16,6/07	0,1/02	16,5	560	70/08	30/01+04
Paris	10,3	18,6/07	2,5/12	16,1	570	60/06	35/01
Prag	8,8	19,0/07	1,5/01	17,5	490	70/06	20/01
Wien	9,2	19,6/07	1,7/01	17,9	620	70/01	30/02
Zürich	8,5	18,4/07	1,4/01	18,0	1150	130/07	50/01

1633 besuchte Capitain JOHN SHMITH die Shetlands und berichtete von den Ponys, daß sie »ein wenig grösser sind als Esel« (COX 1965). Im Jahre 1700 beschreibt BRAND (1701) anläßlich eines Besuchs des Shetlandarchipels die Shetlandponys als kleiner als das auf den Orkneyinseln gehaltene Pony und gibt ihre Größe mit 91 bis 102 cm an. Er bemerkt: »Sie sind trotz ihrer Kleinheit voller Kraft und Leben, gerade die Kleineren erweisen sich oft als die Stärkeren. Sie erreichen ein beträchtliches Alter: 26, 28 oder 30

Jahre. Sie sind um so kräftiger und langlebiger, wenn sie vierjährig werden, bevor sie zur Arbeit benutzt werden. Die Rappen gelten als die härtesten, während die Schecken sich oft als nicht so gut erweisen, sie waren früher zahlreicher als heute (also vor dreihundert Jahren, Anm. d. Autors). Die Kleinsten leben auf den nördlichen Inseln Yell und Unst«.

Die heutigen Bewohner der Inseln sind überwiegend große Menschen, vielfach mit schwarzem Haar (HAACK 1967). Sie sind aufgrund der historischen Entwicklung vorwiegend normannischer Herkunft. Die Siedler der 40 km südlich der Hauptinsel gelegenen Fair Isle (= Schafinsel), die infolge ständiger Abwanderung 1957 nur noch 57 Einwohner zählte, sollen spanischer Herkunft sein. Nach Vernichtung der spanischen Armada im englischen Kanal 1588 versuchten die Reste der Flotte, um die Nordspitze Schottlands herum in den Atlantik zu entkommen, wobei ein Schiff, »El Gran Gifon«, an den Klippen der Insel scheiterte, Teile der Mannschaft sich jedoch retten konnten. Spanische Pferde sind in diesem Zusammenhang aber offensichtlich nicht auf die Shetlandinseln gelangt.

Abb. 5: Römischer Pferdehändler mit in Britannia gekauften Pferden auf dem Weg nach Marsila, dem heutigen Marseille. Die Pferde werden von einem gallischen Pferdewärter getrieben. Um das Jahr Null. (Foto: J. ROUBIER, aus DENT & GOODALL 1962).

Eine Bedeutung außerhalb der Inselgruppe hatten die Ponys zunächst nicht. Erst um die Mitte des 19. Jahrhunderts erfolgte eine erhebliche Verbreitung über Schottland und England. Nachdem das britische Parlament 1842 begann, die Arbeit von Kindern unter 13 Jahren, später auch von Frauen, per Gesetz (»minen act«) in den Kohlengruben zu verbieten, gingen die Ponys infolge ihres kleinen Wuchses in zunehmender Anzahl als »Ersatz« in die englischen Blei- und Kohlebergwerke. So wurden 1850 einzelne Tiere erstmalig als Grubenpferde nach Nordengland gebracht, von 1861 (600 Ponys im ersten Jahr) an regelmäßig. Sie kamen zumeist drei- und vierjährig in die Minen und führten in den niedrigen und engen Stollen ein trostloses und gefährliches Dasein, manchmal 20 und mehr Jahre lang. Dort bewältigten sie jährlich über 4.800 km pro Tier und transportierten dabei rund 3.000 t Kohle pro Tier (BARTON 1910). Oft erblindeten sie durch Verletzungen an den Stollenwänden. Bei einer Explosion in einer der Londonderrygruben (Seaham) 1888 starben 164 Menschen und 181 Ponys. Aber 1911 erbarmte sich schließlich der Gesetzgeber und legte fest, daß die Augen der Ponys mit Scheuklappen geschützt und die Tiere in bestimmten Abständen ans Tageslicht gebracht werden müssen (WIESENHÜTTER 2000). Aber selbst 1931 waren noch über 16.000 Ponys in England als Grubenpferde eingesetzt.

Die Preise für die Shetlandponys zogen in dieser Zeit stark an; 1840 kostete ein Pony noch etwa 5 £, 1870 dagegen schon 20 £, 1890 sogar 35 £. Der 1905 nach dem Gestüt Syl/ USA verkaufte Zuchthengst »King Larigo« erbrachte die Summe von 10.000 $ (damals etwa 42.000 Mark).

Bis zum 19. Jahrhundert ist die Shetlandponyzucht frei von fremden Bluteinflüssen und sich selbst überlassen geblieben. Erst um 1850 wurde, auch wegen der großen Nachfrage der Grubenindustrie, eine planmäßigere Zucht betrieben, die auf den verschiedenen Inseln des Archipels aber nicht einheitlich war. Auslösend für die entsprechenden Überlegungen war die Tatsache, daß infolge der günstigeren Preise für größere Ponys vorwiegend diese von den Inseln verkauft wurden und demzufolge zunehmend die kleineren Ponys als Zuchtbasis verblieben. Das machte sich bereits um 1840 bemerkbar, zu dieser Zeit waren die Ponys auf den Shetlandinseln kleiner als um 1810 (COX 1965 u.a.).

Die unmittelbare Folge war der Versuch der Einkreuzung größerer Reitponys aus Nordschottland und von den Orkneyinseln, aber die Nachzucht ging infolge degenerativer Erscheinungen (Zurückbleiben im Wachstum, Konstitutionsschwäche) im wesentlichen ein. Trotz des großen Umfangs der Einkreuzungen ist deshalb ihr Einfluß gering geblieben und heute nicht mehr nachweisbar.

Um die Widerristhöhe zu erhöhen, wurde 1850 im Süden der Insel Mainland, auf der Halbinsel Sumburgh, durch Einkreuzung von Hengsten des norwegischen Fjordpferds der sogenannte Sumburgh-Stamm geschaffen, der mit einer Widerristhöhe von etwa 130 cm damals der größte der Shetlandponyzucht wurde. Er war vor allem in Dunrossness zu finden. Jetzt befindet sich in dessen Nähe das Robin Brae Shetland-Pony-Stud, das neben der Standard-Zucht auch eine Mini-Pony-Herde besitzt (WIESENHÜTTER 2000).

Abb. 6: »Das Schetländische Pony« (nach BROWN 1831).

Etwa 1855 importierte ARTHUR NICOLSON einen Mustanghengst »Bolivar« auf die Insel Fetlar. Der auf dieses Tier und auf einen importierten arabischen Vollbluthengst zurückgehende Fetlar-Stamm erreicht eine Widerristhöhe von etwa 125 cm. Seine Vertreter sind verhältnismäßig elegant, schnell und sehr lebhaft, hinsichtlich ihres gesamten Körperbaus weichen sie vom Typ des kleinen urtümlichen Ponys stark ab. Sie sind heute vorwiegend Rappen.

Dieser eigentliche Typ des Ponys wurde seit 1869 planmäßig durch Lord LONDONDERRY, einen der größten Kohlegrubenbesitzer Nordenglands, weitergezüchtet. Er hatte die Gefahr von unkontrollierten Kreuzungen und des Ausverkaufes der besten Ponys für die Kohlegruben erkannt. Jährlich wurden bis dahin etwa 500 der gesündesten und stärksten Tiere allein über Aberdeen in Kohlegruben verkauft und damit die Qualität der Rasse zunehmend geschwächt. Übrigens mußten diese traurige Rolle später auch Islandponys übernehmen, die in ganzen Schiffsladungen vom nordisländischen Hafen Akureyri nach dem englischen Leith oder Granton verfrachtet wurden.

Auf den Inseln Bressay und Noss gründete Lord LONDONDERRY mit den besten, seinerzeit vorhandenen Zuchtponys 1869 das Maryfield-Gestüt, das er 1873 mit 200 auf den Shetlandinseln gekauften Hengstfohlen erweiterte, die er dort aufziehen ließ. Die Teile des Londonderrygestütes wurden 1899 weitgehend aufgelöst, vollständig auf Noss, zum Teil auf Bressay, nach 1947 endgültig. Sein besonders gut durchgezüchtetes, typvolles Zuchtmaterial blieb jedoch der Reinzucht voll erhalten, unter anderem im Berry-Gestüt (WIESENHÜTTER 2000).

Abb. 7: »The Gentleman's Magazine« berichtet 1765 im Zusammenhang mit der Einfuhr eines Zwergpferds von 30 Zoll (= 76,2 cm) Höhe aus Bengalen nach England (unser Bild) von der Ankunft eines »wunderhübschen, kleinen, schwarzen Pferdes von den Shetlands« in Newcastle, das 33 Zoll (= 83,8 cm) hoch war.

Bis heute bilden die wertvollsten Hengstlinien des Londonderrygestütes die Grundlage zahlreicher Reinzuchten, so z.B. im 1922 in Schottland gegründeten Marshwood- bzw. im Glettness-Stud (Mainland) sowie des 1923 gegründeten Berry-Gestütes nahe Scalloway (Mainland) bzw. Aberdeen (Schottland), aber ebenso auch außerhalb der Shetlandinseln und Schottlands, vor allem in England (Kent, Essex, Gloucestershire), in West- und Mitteleuropa, in den USA und in Australien. Die meisten Ponys leben heute (2000) auf der Insel Unst, auf der sie in zahlreichen Gestüten auf hohem Zuchtniveau gehalten werden.

Bedeutende Stammhengste sind im Stutbuch Band I (1891) eingetragen. Einige Spitzentiere sind nachstehend genannt:

16 Jack (etwa 100 cm WH, Rappe, geb. 1871), 20 Laird of Noss (96 cm WH, Rappe, geb. 1888), 26 Lord of the Isles (92 cm WH, Rappe, geb. 1875), 28 Multum in Parvo (94 cm WH, Brauner, geb. 1884), 32 Odin (96 cm WH, Rappe, geb. 1880), 33 Oman (92 cm WH, Brauner, geb. 1885) und 36 Prince of Thule (94 cm WH, Brauner, geb. 1882). Die überragende Bedeutung dieser Hengste führte natürlich in den ersten Jahren zur Verengung der genetischen Basis, wie aus der nachstehenden Abstammung des Hengstes »Haldor 270« (82,6 cm WH, Rappe, geb. 1899 – nach Cox) hervorgeht:

Haldor 270					
	Duncan 147	Laird of Noss 20	Jack 16		
			Seivwright	Lofty	
		Die 524	Lord of the Isles 26	Jack16	
				Dandy	
			Dainty 172	Lion 22	
				Dumple 179	Jack 16
					Dandy
	Dinah 525	Lord of the Isles 26	Jack 16		
			Dandy		
		Dainty 172	Lion 22		
			Dumple 179	Jack 16	
				Dandy	

Hinsichtlich ihrer anatomischen und physiologischen Eigenschaften stehen die Shetlandponys auf den Inseln den Kaltblutpferden nahe. Sie verkörpern stark den Verdauungstyp, der sich besonders in dem tiefen und breiten Rumpf, in der starken Rippenwölbung, in der ausgeprägten Tendenz zur gespaltenen Kruppe und in dem insgesamt geschlossenen Körperbau widerspiegelt. Es ist deshalb naheliegend, den Ursprung des Shetlandponys mit dem des Kaltblutpferdes in Beziehung zu bringen. Eine züchterische Verbindung über das kleine britannische Hauspferd zum Kleinpferd der Kelten auf dem Festland ist ganz sicher. Beide Pferderassen waren untersetzt und kräftig, dabei unter oder um 120 cm groß. Da auch sie – wie die späteren westeuropäischen Kaltblutrassen (von denen auch diejenigen Mitteleuropas abstammen) – ihre Herkunft von den westlichen Form- und Typvarianten des eiszeitlichen Wildpferds ableiten (Diluvialpferd, VOLF 1996), läßt sich das spezifische Exterieur der Shetlandponys auch eindeutig begründen. Dazu kommen noch die gemeinsamen maritimen Umweltverhältnisse der verschiedenen Herkunftsgebiete im Bereich der golfstrombeeinflußten westeuropäischen Küsten und Inseln bis nach Island, die auf die Bestände gewirkt haben.

Interessant ist in diesem Zusammenhang die Tatsache, daß die Kelten im Laufe ihrer Eroberungszüge ab dem fünften Jahrhundert v. Chr. entlang der bereits bestehenden Handelsstraße im Donautal eine Relais-Brücke eingerichtet hatten, durch welche Pferde südosteuropäischer Kulturen (bereits seit etwa 500 v. Chr. wurden in der ungarischen Tiefebene durch das iranische Volk der Sigynnen verhältnismäßig große edle Pferde gezogen, die »europäischen« Ruf genossen) nach Westeuropa gelangten. Funde aus dem Stadtgebiet von Budapest weisen im Gegensatz dazu dort im ersten Jahrhundert v. Chr. das kleine Keltenpferd nach (SZABÓ 1971), das auf diesem Weg vom Westen nach dem Südosten Europas gelangte. Zur Versorgung auch des keltischen Druiden-Heiligtums im Tal der Seme (Frankreich) mit den wertvollen Votivgaben der südosteuropäischen Hochkulturen wurden an der Donautalstraße Gestüte angelegt. Es ist weiterhin bekannt, daß vom keltischen Kleinpferd der La-Tene-Zeit (sechstes und fünftes Jahrhundert v. Chr.) über das kleine Keltenpferd späterer Jahrhunderte in Gallien bis zum alten britannischen Pferd alle in Westeuropa einschließlich der Britischen Inseln beheimateten Rassen einen deutlich kleinen Wuchs aufwiesen. In den Keltengräbern von Blewburton / England (um 250 v. Chr.) wurde unter anderem das Skelett eines Hengstes gefunden, der nur 115 cm Widerristhöhe maß. SPEED wies anhand anatomischer Untersuchungen eine Verwandtschaft dieses Hengstes mit orientalischen Rassen nach (DENT & GOODALL 1962), das würde die erwähnten Zusammenhänge mit südosteuropäischen Kulturen eindrucksvoll bestätigen und außerdem Schlußfolgerungen auf die offensichtlich umweltbedingten Verzwergungserscheinungen bei den damaligen west- und nordwesteuropäischen Hauspferderassen zulassen.

Man kann heute bei Shetlandponys im wesentlichen zwei Typen unterscheiden:
Einmal den bereits geschilderten ausgesprochenen Verdauungstyp, gleichsam den Urtyp des Ponys, der von Lord LONDONDERRY gezüchtet wurde. Der Habitus dieser Tiere zeigt besonders den Einfluß einer kaltblutähnlichen Stammform. Der andere, erst im vergangenen Jahrhundert entstandene Typ, wie er beispielsweise von Tieren des Fetlar-Stammes dargestellt wird, entstand als Folge von Selektion und der Verwendung von dem orientalischen Typ näherstehenden Hengsten. Er ist im ganzen etwas leichter, hat einen schwächeren Röhrbeinumfang und weniger Masse als der Urtyp und zeigt den Einfluß einer tarpanartigen Ausgangsform. Oft weisen die etwas kleineren zierlicheren Köpfe mit der relativ kurzen und leicht konkaven Nasenlinie sowie ein glatter, feiner Behang an Mähne und Schweif auf diesen Einfluß hin. Vielfach sind heute in einem Tier beide Typrichtungen vertreten.

Abb. 8: Shetlandponys nach einem Gemälde von JAMES HOWE, 1780-1836 (nach COX).

Abb. 9: Shetlandponys auf der Insel Mousa mit einem »Brock« im Hintergrund, Gestüt Bruce/Sand Lodge (Foto: D. COUTTS, 1967).

In diese Gruppe gehören auch die Nachkommen aus Verbindungen zwischen Shetlandponystuten und importierten Islandponyhengsten, die zur größeren Verbreitung der Scheckfarbe auch auf den Shetlandinseln geführt haben.

Zusammenfassend kann festgestellt werden, daß die ursprüngliche Zugehörigkeit des Shetlandponys zu west- und nordwesteuropäischen Ausgangsformen angenommen werden muß. Durch die erst relativ spät einsetzende typfremde Einkreuzung (zum Beispiel bei der Bildung des Fetlar-Stammes) ist im ganzen gesehen das konsolidierte Zuchtbild nur wenig verändert worden.

Ein gewisser Einfluß früher südosteuropäischer Hauspferderassen ist möglich und besonders aus der Form des Kopfes und der Eigentümlichkeit des Behangs abzuleiten, auch wenn er über großen generativen Abstand erfolgt ist (DENT & GOODALL 1962).

Es erhebt sich nun die Frage nach dem Grund des extremen Zwergwuchses der Shetlandponys.

Die Shetlandponys sind echte Zwerge, bei denen eine gleichmäßige, harmonische Verkleinerung aller Teile des Körpers eingetreten ist. Ihre Minimalgröße liegt bei 70 bis 75 cm Widerristhöhe, der durchschnittliche Wert bei 100 cm. Im Gegensatz dazu hat das Warm- oder Kaltblutpferd eine Widerristhöhe von allgemein etwa 156 bis 165 cm. Verschiedene Merkmale des Shetlandponys könnten einen genetisch relativ gelingen Abstand zu einer echten Wildform vermuten lassen. Es gehören dazu das häufige Fehlen der »Kastanien« an den Hinterbeinen (verhornte Zonen an den Innenseiten) sowie Stärke und Art der Behaarung und des Behangs. Dazu kommen oft Aalstrich, Schulterkreuz, besonders auch nach dem Boden zu dunklere Extremitäten und bei jungen Fohlen Stehmähne. Außerdem sind so gut wie nie die beim Großpferd so bekannten albinotischen Abzeichen vorhanden. Dem widerspricht die Tatsache, daß auch die Größenvarianz einer Tierart im Hausstand um ein Vielfaches zunimmt und extreme Unterschiede auftreten (beispielsweise Zwergpinscher und Bernhardiner beim Hund, NOBIS 1971), die es im Wildstand nicht gibt. Der Zwergwuchs des Shetlandponys kann also nicht mit einer Wildform in Verbindung gebracht werden. Dagegen spricht auch der bereits erwähnte Zwergpferdefund von Blewburton.

Im Gegensatz dazu ist es sehr wahrscheinlich, daß infolge der extrem ungünstigen Klima- und Bodenverhältnisse eine natürliche Auslese auf eine kleine, aber äußerst widerstandsfähige konstitutionsharte Wuchsform stattgefunden hat. Diese Bevorzugung einer kleinen Variante könnte schon während der Wanderung der Wildpferde nach dem Norden der Britischen Inseln, den sich in mehreren Jahrtausenden zurückziehenden Ausläufern der Eiszeit folgend, stattgefunden haben.

Die jahrhundertelange Isolierung der Shetlandinseln hat dann zu der Herausbildung einer derart eigenständigen Ponyrasse geführt. Man findet dazu eine Reihe von Parallelen, zum Beispiel Exmoorpony, Skyrospony und Inselrassen im indonesischen Raum. Außerdem ergeben sich wertvolle Hinweise aus den Ausgrabungen bei Jarlshof auf der Sumburghhalbinsel der Shetlandinseln, die Rückschlüsse auf den Stand und die zeitliche Zuordnung der Verzwergung ermöglichen. Die dort gefundenen Pferdereste der Früheisenzeit waren unter 102 cm, die aus der Wikingerzeit stammenden zum Teil über 112 cm groß. Sie lagen also insgesamt etwa in der heutigen Größenordnung der Ponys auf den Shetlandinseln, zeigen jedoch deutlich die Variationen im Rahmen des Haustierstands.

Die kleine Wuchsform der Ponys auf den Shetlandinseln ist demnach bereits sehr alt und in ihrer Größenordnung von sehr großer Beständigkeit, während auf dem europäischen Kontinent von der Früheisenzeit an eine laufende Zunahme der Durchschnittsgröße der Hauspferde eintrat.

Diese eigenständige, über Jahrtausende relativ unveränderte Wuchsform der Shetlandponys muß also sehr wesentlich durch die speziellen Klimaverhältnisse begründet sein, die seit der Klimawandlung in der späten Bronzezeit (um 500 v. Chr.) in Irland sowie im Nordwesten und Norden der Britischen Inseln bis heute etwa gleich geblieben sind und durch die laufende Verschlechterung der Bodenverhältnisse (Vernichtung des Waldes und deren Folgen) noch verstärkt wirksam wurden.

Die seit 1870 durch den Menschen vermehrt betriebene künstliche Zuchtwahl trägt dieser Tatsache Rechnung. Nach den Eintragungsbestimmungen der 1891 gegründeten »Shetland-Pony Stud Book Society« darf zur Zeit der Eintragung das Pony 101,6 cm (= 10,0 hands bzw. 102 inches) Widerristhöhe dreijährig nicht überschreiten. Die Maximalhöhe für vierjährige und ältere Ponys ist mit 106,7 cm (= 10,5 hands bzw. 107 inches) Widerristhöhe festgelegt (vgl. S. 30, 35, 36).

Es besteht eine weitgehende Abhängigkeit des harmonischen Zwergwuchses von der Intensität der Haltung und Ernährung während der Wachstumsperiode. Bei wesentlicher und dauernder qualitativer und quantitativer Verbesserung der Fütterung in dieser Zeit kommt es zu vermehrtem Höhenwachstum, mit dem – besonders bei ungenügenden Anteilen von Rauh- und Weidefutter – die Entwicklung der Tiefe und

Breite nicht Schritt hält, so daß die Gesamtharmonie des Tierkörpers gestört wird. Diese Frage hat besonders bei der Zucht des Shetlandponys in den gegenüber den Shetlandinseln begünstigten Ländern Bedeutung. Mit einer Veränderung des Gesamttyps ist aber ein Verlust der dem Tier eigenen positiven konstitutionellen Eigenschaften wie Leistungsfähigkeit, Gesundheit, Widerstandsfähigkeit gegen Krankheiten, schnelle Erholungsfähigkeit, hohe Fruchtbarkeit sowie Anspruchslosigkeit gegenüber Fütterung und Haltung gekoppelt. Das gilt im übrigen auch für die anderen zahlreichen Kleinpferderassen und ist überhaupt in der gesamten Tierzucht zu beobachten. Man bezeichnet diese Veränderung des normalen Rassetyps auch als Degeneration.

Strenggenommen ist bereits jede Abweichung von der Wildform, beispielsweise durch die Haustierwerdung, eine Degeneration. Es ist dabei jedoch eine relativ schnelle Selektion auf bestimmte, dem Menschen dienliche Eigenschaften erfolgt, zu denen auch die Veränderung der Widerristhöhe bzw. des Gesamtrahmens beim Tier gehört. Daß dabei die Bewertung der genannten konstitutionellen Faktoren in den Hintergrund trat, ist bekannt und gehört heute zur wichtigsten Problematik innerhalb der gesamten Haustierzucht.

Ein ähnlicher Vorgang spielt sich ab, wenn eine Rasse in ein Gebiet verpflanzt wird, das die natürlichen Voraussetzungen für ihre eigentümliche Entwicklung nicht bieten kann, und der Mensch dann eine den anatomischen und vor allem den physiologischen Rassetyp erhaltende Selektion bzw. Haltung und Aufzucht unterläßt. Das gilt in vollem Umfang für die Zucht und Haltung des Shetlandponys. Hier trifft in den Zuchtgebieten außerhalb der Inselgruppe meist eine Verbesserung der Haltungsmöglichkeit zu. Mit dieser ist außerdem noch das Bestreben der Züchter nach vermehrter Größe der Ponys verbunden, um damit wirtschaftlichen Wünschen gerecht zu werden.

Das Gegenteil zu dieser Entwicklung ist in verschiedenen Fällen durch die Tatsache eingetreten, daß durch absichtliche Verschlechterung der Ernährungsverhältnisse versucht wurde, das Wachstum der Ponys künstlich zu blockieren. Auch die Methode der Bedeckung der Stuten weit vor dem Zeitpunkt der eigentlichen Zuchtreife wird deshalb geübt. Auf diese Weise kamen und kommen zahlreiche Kümmerlinge in die Zucht, die dann zwangsläufig zu Mißerfolgen führt.

Die erfolgreiche Zucht der Shetlandponys außerhalb der Shetlandinseln setzt deshalb die Beachtung der im Ursprungsgebiet gegebenen Fütterungs-, Haltungs- und allgemeinen Zuchtverhältnisse voraus, wobei die Periode des Wachstums von entscheidender Bedeutung ist.

Mit zunehmender Überschreitung der für das erwachsene Pony mit 106,7 (≙107) cm angegebenen maximalen Widerristhöhe tritt eine relative Minderung der Leistungsfähigkeit, der Unermüdlichkeit der Trabbewegungen usw. ein. Sie ist auf jeden Fall zu vermeiden. Es ist deshalb auch in der Praxis der Shetlandponyzucht oft üblich, Hengste zu verwenden, die die Größe der Stuten nicht erreichen. Es wird übereinstimmend angegeben, daß reingezogene Shetlandponys, wahrscheinlich genetisch bedingt, nicht größer als etwa 112 cm werden.

In ihrer Heimat ernähren sich die Shetlandponys während des Sommerhalbjahrs von Moos, Gras und Heidekraut. Im Winter bleibt ihnen als einzige Nahrung das Seegras an der Küste und der Seetang, von dem sie sich mühselig ernähren. Ponys, die vor der Bildung einer geschlossenen Schneedecke die Küste nicht mehr erreichen, verhungern. Verhängnisvoll sind ihnen vor allem die Schneestürme, gegen die als einziger Schutz nur eine Felswand dient. Bleibt der Schnee über eine längere Zeit liegen, gehen die Pferde zugrunde. Wenn sie der Hunger auf die Suche nach Futter in den Schnee treibt, können sie in zugewehte Löcher fallen und ersticken. Nur die vom Menschen kontrollierten Bestände überstehen durch Zufütterung diese Zeit mit verhältnismäßig geringen Verlusten.

Shetlandponys sind sichere Gebirgspferde. Sich selbst überlassen, überwinden sie Steilhänge und Schluchten, Sümpfe und Moore. Auf den Shetlandinseln wurden sie aufgrund des wenig ausgebauten Straßennetzes fast nur als Reit- und Tragtiere verwendet. Als Reitponys sind sie infolge ihrer großen Trittsicherheit und Ausdauer sehr geschätzt; als Tragtiere beförderten sie vor allem Torf, der auf den hochgelegenen Moorflächen gewonnen wird. Die Traglast kann bis zu 100 kg (etwa 50% des Ponygewichts) betragen und wird in Strohkörben befördert, die an hölzernen Tragsätteln, den sogenannten »klibbers« hängen. Allerdings werden Shetlandponys in Wirtschaftsbetrieben heute kaum noch eingesetzt. Sie dienen zumeist als Kinderpony und zum Fahren.

Die Ponys sind außerdem zuverlässige Schwimmer und überqueren ohne Scheu Gebirgsbäche, Flüsse und schmale Meeresarme.

Die bereits genannte starke Konstitution der Shetlandponys findet in der Tatsache ihre Begründung, daß nur die gesündesten und härtesten Tiere von Jugend an die geschilderten Lebensbedingungen überstehen und zur Vermehrung kommen. Seit Bestehen der Zucht ist durch die Natur eine Selektion in dieser Richtung erfolgt.

Frühestens mit vier Jahren sind die Shetlandponys so weit entwickelt, daß sie ohne nachteilige Folgen zur Arbeit herangezogen werden können; sind sie auf den Inseln aufgewachsen, gilt dies manchmal erst mit acht bis

neun Jahren. Diese gegenüber unseren Großpferdeschlägen verhältnismäßig späte Reife ist rassetypisch und wird durch die knappe Ernährung
während der Wachstumsperiode unterstützt.

Diese Spätreife wirkt sich auch auf das Zahnwachstum aus. Der Zahnwechsel ist unregelmäßig, die Milchschneidezähne erscheinen später als
bei den Großpferden. Das Bild der abgeschliffenen Zahnoberfläche, die als
Anhaltspunkt für die Bestimmung des Lebensalters bei Pferden gilt, weist
beim Shetlandpony auf ein um ein bis drei Jahre höheres Alter hin als bei
Kalt- und Warmblutpferden. Nach einigen Zuchtgenerationen in Mitteleuropa wird der Zahnwechsel beim Shetlandpony regelmäßiger und
gleicht sich mehr den bei Großpferden gegebenen Verhältnissen an.
Trotzdem zeigt sich noch eine Verzögerung beim Erscheinen der Milchschneidezähne von ein bis zwei Wochen, hinsichtlich der Zahnober-
flächengestaltung von mindestens ein bis zwei Jahren.

Die Shetlandponys sind außerordentlich langlebig, noch im hohen Alter
zuchttauglich und zur Arbeit verwendungsfähig. Das ist schon von jeher
bekannt. In der Zeitung York Herald (York/England) vom 30. Oktober
1790 konnte man zum Beispiel lesen, daß »in einem kleinen Dorf südlich
Haddington ein schwarzes Shetlandpony, 1743 geboren, lebt. Dieses jetzt
47 Jahre alte Pony sieht noch außerordentlich munter aus und kann
mehrere Stunden hintereinander jede Stunde acht Meilen (= etwa 13 km)
zurücklegen; seine Zähne sind noch sehr gut beschaffen, so daß es Körner
und Heu gut beißen kann, und seit den letzten 20 Jahren hat man, weder
im Galopp, noch im Trabe, noch im Schritte oder der Körperbe-
schaffenheit, die geringste Abnahme an ihm bemerkt«.

Die Grundfarbe der reinrassigen Shetlandponys ist überwiegend schwarz.
Die in ihrem Heimatgebiet weiterhin häufig vorkommende Farbe ist vor
allem Braun, meist Graubraun und Dunkelbraun mit schwarzem Behang
an Mähne und Schweif sowie dunklen Extremitäten. Besonders seit 1945
wurde die Scheckenzucht in zahlreichen Farbvarianten erweitert. Füchse
sind seltener, aber es gibt zum Beispiel im berühmten schottischen
Transy-Stud eine begehrte Dunkelfuchs-Linie. Abzeichen, wie wir sie bei
unseren Großpferden und auch bei einigen Kleinpferderassen kennen,
gibt es beim echten Shetlandpony nicht. Es sei darauf verwiesen, daß
ausnahmsweise auch Albinos unter Shetlandponys bekannt sind; so
waren im Berliner Zoologischen Garten bis 1939 einige Tiere vorhanden.

Entsprechend den herrschenden Umweltbedingungen ist der Fellwechsel
sehr deutlich: Im Sommer zeigt sich das Haarkleid kurz, glatt und glän-
zend, im Winter sehr dicht (sehr starkes, wolliges Unterhaar) und fest.

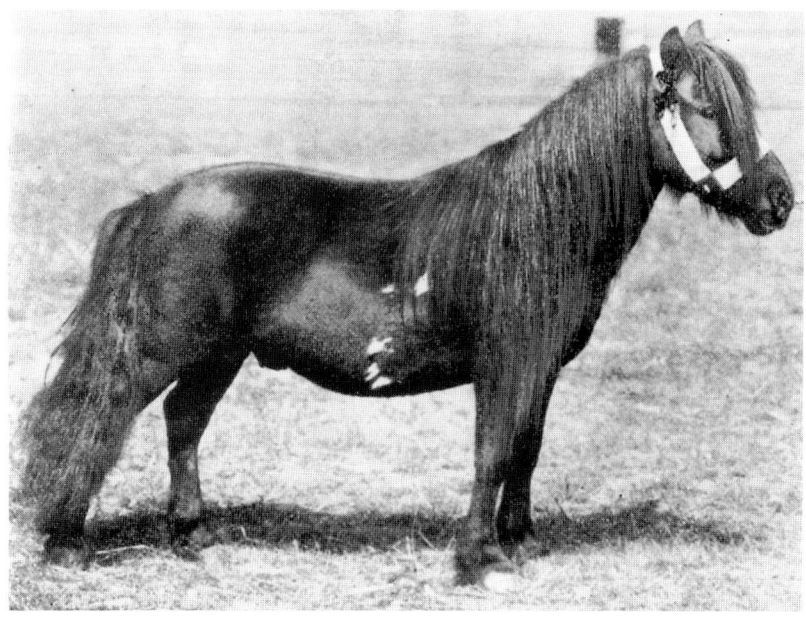

Abb. 10: Hengst Laird of Noss, geb. 1888, typischer Vertreter seiner Rasse. Er erhielt auf der Landwirtschaftlichen Ausstellung in Inverness 1892 einen 1. Preis (Foto: Archiv).

Die Augen der Shetlandponys sind auffallend groß. Ihre Farbe ist in der Regel dunkel. Sogenannte »Glas«- oder »Fisch«augen mit farbloser oder heller Regenbogenhaut sind besonders bei reiner Fellgrundfarbe unerwünscht.

Die Shetlandponys sind gutmütig, aber leicht erregbar. Sie gelten als sehr gelehrig, sind leicht zähmbar und bereiten beim Anlernen keinerlei Schwierigkeiten. Auch nach längerem Aussetzen von der Arbeit sind sie jederzeit ohne Mühe und nur mit dem üblichen Risiko wieder anspannfähig.

Die normale Größe der Originalshetlandponys liegt bei 95 bis 105 cm Widerristhöhe. Sie ist genetisch bedingt, aber auch abhängig von der Zugehörigkeit zu den genannten Zuchtstämmen und von den jeweiligen Aufzuchtverhältnissen.

Der Größe entspricht das Gewicht. Es liegt bei 160 bis 220 kg. Im Verhältnis zum Oberkörper erscheinen die Beine oft fein, sind aber kräftig mit sehr ausgeprägten Gelenken und außerdem ausdauernd bis ins hohe Lebensalter. Ihr gesunder und trockener Huf ist ein bemerkenswerter

Vorzug. Beschlag ist nur bei ständigem Gebrauch der Tiere auf Beton-, Pflaster- und Asphaltstraßen notwendig. Das Shetlandpony ist breit und tief gebaut, sowohl in der Brust als auch in der Flanke. Die Rippenwölbung ist stark, der Rücken stabil, der Hals kurz und kräftig bemuskelt. Die Länge des Rumpfes liegt nur unwesentlich über den Werten für die Widerristhöhe. Jedoch wird ein Rechteckpony bevorzugt.

Die Eintragungsordnung der »Shetland-Pony Stud Book Society« sah von etwa 1890 an spezielle Kriterien für das Exterieur vor, die auch für die Shetlandponyzucht außerhalb der Britischen Inseln verbindlich sind.

Danach gilt (s. S. 35):

»Der kleine, wohlgeformte, trockene Kopf hat kleine, gut angesetzte Ohren, breite Stirn, die als Zeichen von Klugheit gewertet wird, geraden Nasenrücken (Hechtkopf wird erlaubt, Ramsnase nicht gern gesehen) und ein kleines, gut geformtes Maul mit großen Nüstern. Die großen freundlichen Augen – Glasaugen sind besonders bei soliden Farben unerwünscht – spiegeln Klugheit und gutes Temperament wider. Der Hals soll aus einer gut gelagerten schrägen Schulter herauswachsen. Er soll stark und muskulös sein, seine Länge soll im richtigen Verhältnis zu den Körperproportionen stehen. Die breite Brust, die schräg gelagerte Schulter, ein kurzer Rücken und ein gut geripptes, tiefes Mittelstück zeigen die Leichtfuttrigkeit und Leistungsfähigkeit dieser Rasse an. In der Hinterhand gut geschlossen, ist eine stark bemuskelte, verhältnismäßig lange Kruppe erwünscht. Das Fundament sollen vier Säulen bilden. Die geraden Vorderbeine zeichnen sich durch gut bemuskelten Vorarm, breite ausdrucksvolle Vorderfußwurzeln und trockene flache Vordermittelfüße aus. Rückbiegigkeit ist unerwünscht. Die Hinterbeine weisen muskulöse Schenkel, breite stark ausgebildete Sprunggelenke und trockene flache Hintermittelfüße auf. Die Ponys sollen weder kuhhessig noch faßbeinig stehen. Auf gut federnde Fesseln von wohlproportionierter Länge und harte, gut geformte Hufe wird großer Wert gelegt. Üppige Mähne, Stirnschopf, Beinbehang und Schweif gehören zu den Kennzeichen der Shetlandponys. Das im Sommer glatte, im Winter dichte Haarkleid hat beim reinrassigen Shetlandpony überwiegend eine schwarze Grundfarbe. Daneben werden Braune, Füchse, Schimmel und Schecken gezogen. Die durchschnittliche Größe der Ponys beträgt 101,6 cm. Eingetragene Zuchttiere dürfen dreijährig 105 cm nicht überschreiten, für siebenjährige und ältere Zuchttiere ist die Höchstgrenze 107 cm«.

Abb. 11: Hengst Eschochan Rousay, geb. 1959, Widerristhöhe 96,5 cm. Spitzenhengst zahlreicher britischer Schauen, darunter die National Pony Show 1962, 1964, 1965 und 1966, Gestüt Bullock (Foto: Photonews Brighton, 1965).

Die von Lord LONDONDERRY angeregte Herausgabe eines Stutbuches erwies sich unter damaliger wie auch heutiger Sicht als besonders segensreich für die Weiterentwicklung der Zucht. Bis 1890 gab es keine geordnete Zucht und die Ponys bildeten ausserhalb der wenigen Gestüte freilaufende Herden. Dort vermehrten sie sich nach dem Prinzip der natürlichen Auslese, wobei sich die stärksten und erfahrensten Hengste durchsetzten. Bei der Herausgabe des ersten Bandes des Stutbuches 1891 waren 84 Hengste und 408 Stuten eingetragen, die vorwiegend zwischen 86 und 100 cm Widerristhöhe aufwiesen waren. Das Shetlandpony hat also in den vergangenen Jahren seine Widerristhöhe und Varianz prinzipiell beibehalten (vgl. u.a. Abb.16).

Nach KRISCHE (1977) lebt die Mehrzahl der Shetlandponys auf den Inseln in Herden von 15 bis 30 Stuten mit Nachzucht und einem Zuchthengst, oft auf »Gemeinland«. Hengstfohlen, die über ein Jahr alt sind, dürfen nicht mit aufgetrieben werden. Diese Bestände zeigen große Typ- und Farbverschiedenheiten. Der laut Zuchtziel erwünschte Typ ist außerhalb der traditionellen Gestüte nicht immer anzutreffen. Statt dessen sind die Ponys oft zu edel, hochbeinig und feinknochig, zudem relativ groß; sie erreichen die zugelassene Höchstgrenze (106,7≙107cm). Bei den Farben herrschen außerhalb der traditionellen Gestüte Schecken mit zunehmend hohem Weißanteil vor (1977). Die Zuchtleitung kümmert sich verstärkt um die Verbesserung dieses Teils der Zucht durch Bereitstellung typvoller Hengste. Die Gestüte dagegen bemühen sich erfolgreich um den im Zuchtziel festgelegten Typ und um Einfarbigkeit. Sie bieten hinsichtlich Typ, Ausgeglichenheit und Farbe ihrer Bestände ein völlig anderes Bild als die freilebenden Herden.

Die Landwirtschaft hat sich auf den Shetlandinseln immer stärker auf die Viehwirtschaft ausgerichtet (KRISCHE, 1977). Dabei spielt der Schafbestand noch immer eine überragende Rolle. Der Rinderbestand fiel in den vergangenen 100 Jahren um zwei Drittel, der Hühnerbestand um neun Zehntel, Schweine sind kaum noch vorhanden (KRISCHE,1977).

Die Zahl der Shetlandponys auf den Inseln ist seit 1905 (etwa 6.000 Tiere) rückläufig, hat sich aber seit 1965 annähernd stabilisiert: 1945 etwa 1.170 Tiere, 1950 1.150 Tiere, 1955 890 Tiere. 1960 800 Tiere, 1976 um 1.100 Tiere. Der Bestand beträgt derzeit um 1.000 Ponys (2000).

2 Verbreitung

Die Shetlandponys wurden infolge ihres Zwergwuchses und geringer Haltungskosten außerhalb ihrer Heimat gern dort verwendet, wo Großpferde oder motorisierte Geräte nicht oder nur sehr unrationell eingesetzt werden können. Vor allen Dingen sind die Shetlandponys für Transportarbeiten und Tätigkeiten geeignet, die eine schmale Trittspur und eine relativ hohe Arbeitsgeschwindigkeit erfordern. Besonders ist das in Spezialbetrieben wie Gärtnereien der Fall. Die große Ausdauer, die relativ hohe Zugleistung und die geringen Aufwendungen für die Fütterung und Haltung der Shetlandponys haben sich dabei sehr gut bewährt. Auch ihre Eignung als Kinderreitpferd hat zu ihrer Verbreitung in zahlreichen Staaten beigetragen. Seit Anfang des 20. Jahrhunderts erfolgten größere Exporte, vor allem nach den Niederlanden, Deutschland und den USA, die noch heute jährlich Ponys aufkaufen und per Flugzeug nach Amerika verladen. Aus importierten Shetlandponys des originalen Inseltyps entwickelten nordamerikanische Züchter ausschließlich durch Selektion ein eigenständiges »American Shetland-Pony« in einem sehr edlen Reitpferdetyp, dessen Anteil an der Gesamtpopulation ständig zunimmt und der vor allem zum Kinderreiten bestimmt ist. Sowohl in den USA als auch in Kanada werden Shetlandponys auch mit größeren Widerristhöhen (UPPENBORN & SCHWARK 1995) in die Zuchtbücher aufgenommen: USA maximal 10,7 hands (= 109,2 cm), Kanada 11,0 hands (111,8 cm). Diese amerikanischen Ponys sind, da sie nicht innerhalb des Größenrahmens stehen, in Europa allerdings nicht mehr anerkennungsfähig.

Das Bongardt-Gestüt Alpen importierte 1900 als erste deutsche Zuchtstätte acht Stuten mit einem Hengst von den Shetlandinseln nach Deutschland.

Nach wie vor werden Shetlandponys regelmäßig von den Shetlandinseln exportiert. Große Bestände von allgemein sehr guter Qualität befinden sich vor allem auf der britischen Hauptinsel. Die Zahl der Shetlandponys hat besonders in den USA und den Niederlanden, aber auch in anderen europäischen Ländern einen beträchtlichen Umfang erreicht. Zu ihnen gehört auch Deutschland mit zur Zeit (2000) etwa 3.300 (davon etwa 2.000 im Original-Typ) eingetragenen Stuten in zahlreichen Zuchtverbänden, die diese Rasse fördern.

Die deutsche »Interessengemeinschaft der Shetlandponyzüchter e. V.« (IGS) hat im Rahmen ihrer Zuchtordnung Zuchtziele als Standard festgelegt, die vor allem der unterschiedlichen Größenvarianz und speziellen Eignung der Ponys entsprechen. Seit April 1999 ist die deutsche Shetlandzucht in den 15 verschiedenen Zuchtverbänden von dem englischen Mutterstutbuch anerkannt worden. Die Shetlandponys teilen sich auf in Tiere über (bis 107 cm) und unter 87 cm (Minimum nicht festgelegt). Für diese Tiere ist das Zuchtziel des englischen Mutterstutbuches maßgeblich. Die Tiere, die nach deutschen Regeln gezogen, aber nicht vom englischen Mutterstutbuch anerkannt wurden, wurden in der neuen Rasse »Deutsches Part-Bred Shetland-Pony« zusammengefaßt.

Auszug aus der Zuchtordnung der IG Shetland e.V. – Präambel:

Das Zuchtgebiet der »Interessengemeinschaft Shetlandpony« (IGS) erstreckt sich auf die Bundesrepublik Deutschland. Einzelzüchter bzw. Züchterzusammenschlüsse anderer Staaten können als Mitglieder aufgenommen werden.

Grundlagen dieser Zuchtordnung sind die Zuchtverbandsordnung (ZVO) der Deutsche Reiterlichen Vereinigung e.V. (FN), das Tierzuchtgesetz, die EG-Verordnungen, die Satzung sowie die Beschlüsse der satzungsgemäß zuständigen Gremien der IG Shetland e.V.

Die IGS erkennt alle von den vom Mutterstutbuch (Shetlandpony Stud Book Society) anerkannten Zuchtverbänden ausgestellten Abstammungsnachweise für Shetlandponys an. Die IGS erkennt alle von anerkannten Zuchtverbänden ausgestellten Abstammungsnachweise für ›Deutsche Part-Bred Shetland-Ponys‹ an. Zuchtziele:

Rasse:		**Shetland-Pony**
Herkunft:		Shetland-lnseln
Größe:		3jährig nicht über 105 cm
		4jährig und älter nicht über 107 cm
Farben:		alle, keine Tigerscheckung
Gebäude:	Kopf:	klein, gut getragener und proportionierter Kopf; intelligentes, dunkles, freundliches Auge; kleine, aufgestellte, nicht zu eng stehende Ohren, genügend lange Maulspalte; große Nüstern; Zähne und Kiefer müssen korrekt sein
	Hals:	kräftig; nicht zu tief angesetzt, mit dichter Mähne
	Körper:	Rechteckformat; Schulter schräg plaziert; breite Brust; tiefgeripptes Mittelstück; nicht zu kurze Kruppe; gut bemuskelte Hinterhand; gut behaarter Schweif

Fundament:		kräftig; korrekt; kurzes, kräftiges Röhrbein; harte, runde Hufe
Bewegungsablauf:		korrekt, raumgreifend, elastisch und leichtfüßig
Einsatzmöglichkeiten:		kleines Reit- und Fahrpony; besonders als Anfangspony für kleinere Kinder geeignet
Besondere Merkmale:		klug, genügsam, fruchtbar, langlebig und robust; gutartiges Temperament

Rasse:		**Deutsches Part-Bred Shetland-Pony**
Herkunft:		Deutschland
Größe:		bis 107 cm
Farben:		alle
Gebäude:	Kopf:	kleiner, edler, gut getragener Kopf; breite Stirn; großes, freundliches Auge; kleine, aufgestellte, nicht zu eng stehende Ohren; genügend lange Maulspalte; Zähne und Kiefer müssen korrekt sein
	Hals:	gut angesetzt; leicht im Genick; dichte Mähne
	Körper:	Rechteckformat; Schulter schräg plaziert; nicht zu schmale Brust; gute Gurtentiefe; gut bemuskelte Hinterhand; dichter Schweif
Fundament:		trocken, gut ausgebildete Gelenke, korrekt, harte, runde Hufe
Bewegungsablauf:		korrekt, raumgreifend, schwungvoll und leichtfüßig mit elastisch schwingendem Rücken
Einsatzmöglichkeiten:		kleines Reit- und Fahrpony für Freizeit und Sport; besonders als Anfangspony für Kinder geeignet
Besondere Merkmale:		klug; genügsam; langlebig; fruchtbar und robust; gutartiges Temperament

Auf Schauen ist eine Einteilung in folgende Typen möglich:

- Mini (unter 87 cm)
- Original
- sportlich

Der sportliche Typ ist höher gestellt und kann über eine schmalere Stirn verfügen. Ansonsten gilt das Zuchtziel wie oben.

Englischer Rassestandard (siehe auch Seite 30)

BREED DESCRIPTION

Height: Registered stock must not exceed 40 inches (102 cms) at three years or under, nor 42 inches (107 cms) at four years or over. Ponies are measured from the withers to the ground, by measuring stick, and a level stance, preferably concrete, should be used.
Colour: Shetland ponies may be any colour known in horses except spotted.

Coat: The coat changes according to the seasons: a double coat in Winter with guard hairs which shed the rain and keep the pony's skin completely dry in the worst of the weather and, by contrast, a short summer coat which should carry a beautiful silky sheen. At all times the mane and tail hair should be long, straight and profuse and the feathering of the fetlocks straight and silky.

Head: The head should be small, carried well and in proportion. Ears should be small and erect, wide set but pointing well forward. Forehead should be broad with bold, dark, intelligent eyes. Muzzle must be broad with nostrils wide and open. Teeth and jaw must be correct.

Body: The neck should be properly set onto the shoulder, which in turn should be sloping, not upright, and end in a well defined wither. The body should be strong, with plenty of heart room, well sprung ribs, the loin strong and muscular. The quarters should be broad and long with the tail set well up on them.

Forelegs: Should be well-placed with sufficient good, flat bone. Strong forearm. Short balanced cannon bone. Springy pasterns.

Hindlegs: The thighs should be strong and muscular with well-shaped strong hocks, neither hooky nor too straight. When viewed from behind, the hindlegs should not be set too widely apart, nor should the hocks be turned in.

Feet: Tough, round and well-shaped – not too short, narrow, contracted or thin.

Action: Straight, free action using every joint. Tracking up well.

General: A most salient and essential feature of the Shetland pony is its general air of vitality (presence), stamina and robustness.

Träger der Shetlandponyzucht in den Nachzuchtgebieten sind vorwiegend Einzelzüchter, die über entsprechende Weideflächen verfügen. In den Tiergärten, die sich zu wichtigen Kultur- und Lehrstätten entwickelt haben und deren besonderes Bemühen neben der biologischen Forschungsarbeit der Vermittlung naturwissenschaftlichen Bildungsgutes und besonders der sinnvollen Freizeitgestaltung, der Freude und Erholung der Bevölkerung dient, wurden ebenfalls wertvolle Shetlandponyzuchten aufgebaut, die eine ständige Weiterentwicklung erfahren. Zahlreiche bedeutende Zuchttiere sind in den letzten Jahren aus diesen Zuchtstätten hervorgegangen. In vielen Zirkussen werden sie wegen ihrer Originalität, vor allem aber auch wegen ihrer Lernfähigkeit und Geschicklichkeit vielseitig verwendet.

Abb. 12: Für Stelart of Transy, hier beim Deckeinsatz 1997 im Gestüt »Of Baltic Sea«, liegt ein Stammbaum bis ca. 1870 (Jack, vgl. S. 21) vor (Foto: H. W. KÖLLING).

Abb. 13: Ward of Berry (Vater: Ward of Houlland, Mutter: Helga of Berry), ist am 26.5.1995 im 1923 gegründeten »Berry-Gestüt«, auf den Shetland-Inseln geboren (Foto: F. SIEBRECHT).

3 Aussehen und Gestalt

3.1 Körpermaße

Die Zwergform der Shetlandponys ist für diese ein besonders typisches Merkmal. Ihre Größenordnung ergibt sich aus den Angaben der Tabellen und der Abbildungen, die die Größenklassen bei den Shetlandponys zum Inhalt haben. In einer englischen Rassebeschreibung aus dem Anfang des 19. Jahrhunderts (BROWN 1831) heißt es, daß die Shetlandponys »gewöhnlich so klein sind, daß ein Mann von gewöhnlicher Statur mit den Füßen den Boden berühren würde, wenn er die Steigbügel nicht sehr kurz schnallte.«

Abb. 14: Planmäßige Selektion auf kleinste Wuchsformen beim Shetlandpony führte seit etwa 1880 zu einem Mini-Pony, das nur zwischen 40 und 60 cm Widerristhöhe mißt (Foto: 1978 in der Van't Huttenest-Farm / USA).

Tab. 3: Wichtigste Körpermaße bei Shetlandponys. (J. E. FLADE).

Maß	Hengste(Anzahl)		Stuten(Anzahl)		Gesamt (Anzahl)	
	absolut in cm	in % der WH	absolut in cm	in % der WH	absolut in cm	in % der WH
Widerristhöhe (WH)	96,8	100 (278)	97,6	100 (2286)	97,5	100 (2564)
Brustumfang	124,9	129 (211)	122,7	126 (1710)	122.9	126 (1921)
Röhrbeinumfang	13,5	14 (274)	12,8	13 (2282)	12,9	13 (2556)

Tab. 4: Körpermaße von Shetlandponys unter 107,5 cm Widerristhöhe (WH); Tiere 4 Jahre und älter; Anzahl = 122 (J. E. FLADE).

Maß	Hengste		Stuten	
	absolut in cm	in % der WH	absolut in cm	in % der WH
Widerristhöhe	96,0	100	99,6	100
Kreuzbeinhöhe	95,8	100	101,2	102
Rumpflänge	99,9	104	101,3	102
Brusttiefe	45,5	47	46,1	46
Vorderbrustbreite	30,1	31	27,2	27
Rippenbrustbreite	29,8	31	26,5	27
Brustumfang	125,7	131	124,2	125
Hüftbreite	34,6	36	35,5	36
Röhrbeinumfang	13,5	14	13,2	13
Kopflänge	43,6	45	44,0	44

Die den Orginaltyp verkörpernden und damit dem heute gültigen Zuchtziel entsprechenden Shetlandponys sind etwas kleiner, als der Durchschnitt des Gesamtbestandes. Ihre Widerristhöhe beträgt um 97,5 cm.

Bei Betrachtung der Tabelle, die die Angaben über die Größenverhältnisse nach Hengsten und Stuten getrennt enthält, ergibt sich zunächst zwischen den Geschlechtern eine Differenz in der Größe. Danach sind im Gegensatz zu den Großpferden – Kaltblut und Warmblut – die Shetlandponyhengste etwas kleiner als die Stuten. Diese Tatsache ist in den Wünschen einer Mehrzahl von Shetlandponyzüchtern begründet, möglichst auch unter den günstigen Klima- und Bodenverhältnissen des europäischen Kontinents den Urtyp des Shetlandponys zu erhalten, der wesentlich durch den Zwergwuchs gekennzeichnet ist. Die kleineren Ponys sind meist besser proportioniert als die größeren, besonders hinsichtlich des Verhältnisses von Tiefe und Breite (Brustumfang) zur Widerristhöhe. Da das Exterieur der Shetlandponys betont auf den Verdauungstyp abgestimmt ist, kommen diese Tiere einer solchen Forderung besonders nach. Ganz klar treten die Unterschiede zwischen dem Geschlecht in bezug auf die Ausprägung der speziellen Merkmale hervor, die den Verdauungstyp im wesentlichen bestimmen. Eindeutig sind hierbei die Körpermaße der Hengste günstiger als die der Stuten.

Nur geringe Unterschiede innerhalb der Geschlechter ergeben sich in der Ausbildung des Kopfes. Die Kopflänge ist bei den Hengsten im Verhältnis zur Widerristhöhe etwas größer als bei den Stuten. Von dieser Länge entfällt bei ihnen ein geringfügig größerer Anteil auf die Stirnlänge. In entsprechender Weise ist auch eine absolut breitere Stirn bei den Hengsten vorhanden, so daß die relativen Verhältnisse zwischen Kopflänge bzw. Stirnlänge und Stirnbreite praktisch unverändert bleiben.

In den Kopfmaßen drückt sich der dem Shetlandpony eigene Trend zu den kaltblutartigen Pferdetypen aus. Ein Vergleich seiner Kopfmaße mit denen des Kaltblutpferds bestätigt das besonders. Hierbei ist das Verhältnis der Kopflänge an der Widerristhöhe nahezu der gleiche wie beim Kaltblutpferd, während die Vergleichswerte mit dem Araber und dem polnischen Konik bedeutend niedriger liegen. Der Anteil der Stirnlänge an der Gesamtkopflänge ist beim Shetlandpony etwas höher, während die relativen Werte für die Stirnbreite sich von denen des Kaltblutpferds kaum unterscheiden. Beim Vergleich der Stirnlänge mit der Stirnbreite weist das Shetlandpony die relativ kleinste Stirnbreite gegenüber dem Kaltblutpferd und vor allem gegenüber dem Vollblutaraber (FLADE 1990) auf.

Tab. 5: Körperproportionen bei erwachsenen Pferden verschiedener Rassen in % der Widerristhöhe. (J. E. FLADE).

Maß in % der WH	Shetlandpony	Kaltblutpferd	Vollblutaraber
Kreuzbeinhöhe	101	100	101
Rumpflänge	102	104	98
Brusttiefe	47	48	45
Vorderbrustbreite	28	31	27
Rippenbrustbreite	28	31	27
Brustumfang	126	126	120
Hüftbreite	36	39	33
Röhrbeinumfang	13	16	12
Kopflänge	45	43	37

Tab. 6: Vergleich der Kopfproportionen von Shetlandponys mit Kaltblutpferden und Arabischem Vollblut; Tiere 4 Jahre und älter. (J. E. FLADE).

Kopfmaß	Shetlanddponys Anzahl = 70		Kaltblutpferde Anzahl = 105		Vollblutaraber Anzahl = 7	
	absolut in cm	relativ in %	absolut in cm	relativ in %	absolut in cm	relativ in %
Kopfmaße im Verhältnis zur Widerristhöhe						
Widerristhöhe	99,0	100	159,5	100	148,9	100
Kopflänge	44,4	45	68,2	43	54,6	37
Stirnlänge	21,6	22	29,9	19	24,6	17
Stirnbreite	17,2	17	25,2	16	20,8	14
Kopfmaße im Verhältnis zur Kopflänge						
Kopflänge	44,4	100	68,2	100	54,6	100
Stirnlänge	21,6	49	29,9	44	24,6	45
Stirnbreite	17,2	39	25,2	37	20,8	38
Stirnbreite im Verhältnis zur Stirnlänge						
Stirnlänge	21,6	100	29,9	100	24,6	100
Stirnbreite	17,2	80	25,2	84	20,8	85

Im ganzen ergeben sich bei der vergleichenden Betrachtung der Kopfmaße vom Shetlandpony, Kaltblutpferd und Vollblutaraber fast gleiche Verhältnisse zwischen Shetlandpony und Kaltblut, während der Araber infolge seiner geringen Kopflänge und seines kleineren Kopfes eine Sonderstellung einnimmt.

Aus den Maßen geht jedoch nicht die Tatsache hervor, daß sich sowohl beim Shetlandponyhengst als auch bei der Stute durch die deutlich ausgeprägte Stirnwölbung der Eindruck einer leicht konkaven Nasenlinie, sogenannter »Hechtkopf«, ergibt. Dieses auffallende Merkmal, das besonders beim neugeborenen Shetlandponyfohlen (im übrigen ebenso beim Vollblutaraber (FLADE 1990)) ganz deutlich in Erscheinung tritt, hat vielfach zur Vermutung Anlaß gegeben, daß der Einfluß orientalischen Blutes doch beträchtlich sei. Diese Annahme findet noch Unterstützung dadurch, daß durch den dichten und breitfallenden Stirnbehang der Kopf des Shetlandponys kürzer und breiter erscheint, als er in Wirklichkeit ist. Bei den Shetlandponys aus veredelten Zuchten des Originalzuchtgebiets, zum Beispiel der Fetlar-Stamm, ist zweifellos ein Einfluß orientalischen Blutes vorhanden, der sich bis heute noch auswirkt. Auch die Verbindungen des keltischen Pferdes mit Pferden südosteuropäischer Kulturen in frühgeschichtlicher Zeit könnten eine gewisse Rolle dabei spielen. Im allgemeinen ist er aber keinesfalls überwiegend, wie die Zahlenangaben deutlich machen.

Tab. 7: Vergleich der Körperproportionen von Shetlandponys und Pferden verschiedener Rassen; Tiere 4 Jahre und älter (J. E. FLADE).

	Shetlandponys Anzahl = 70		Kaltblutpferde Anzahl =105		polnischer Konik Anzahl = 23		Vollblutaraber Anzahl = 7		relative Entwicklung beim Shetlandpony		
	absolut in cm	relativ in % der Widerristhöhe	absolut in cm	relativ in % der Widerristhöhe	absolut in cm	relativ in % der Widerristhöhe	absolut in cm	relativ in % der Widerristhöhe	Kaltblut =100%	p. Konik =100%	Araber =100%
Widerristhöhe	99,0	100	159,5	100	132,4	100	148,9	100	–	–	–
Kreuzbeinhöhe	100,3	101	160,0	100	133,9	101	150,4	101	101	100	100
Rumpflänge	101,4	102	166,5	104	142,0	107	145,3	98	98	95	104
Brusttiefe	46,0	47	77,0	48	62,8	47	66,6	45	98	100	104
Vorderbrustbreite	27,7	28	49,3	31	35,7	27	40,0	27	90	104	104
Rippenbrustbreite	27,9	28	19,6	31	–	–	40,6	27	90	–	104
Brustumfang	124,5	126	200,6	126	163,5	123	177,9	120	100	102	105
Hüftbreite	35,3	36	62,6	39	–	–	49,8	33	92	–	109
Röhrbeinumfang	13,3	13	25,6	16	17,3	13	18,3	12	81	100	108
Kopflänge	44,4	45	68,2	43	52,1	39	54,6	37	105	115	122

Abb. 15: Hengst Mohrchen, geb. 1950 in Boldevitz auf Rügen (Foto: J. E. FLADE).

Die Ohren der Shetlandponys erscheinen durch die Einbettung in den starken Stirnbehang relativ klein und breit. Messungen haben keine wesentlichen Unterschiede zum Beispiel gegenüber dem Kaltblutpferd ergeben. Die Länge der Muschel verhält sich zu ihrer Breite beim Shetlandpony wie 2,7 : 1 und beim Kaltblutpferd wie 2,5 : 1. Der relative Anteil der Muschellänge an der

Widerristhöhe beträgt sinngmäß 10 bzw. 11 %, der Muschelbreite 3,7 bzw. 4,3 %. Im Vergleich mit der Kopflänge betragen die Werte für die Muschellänge 27 bzw. 25,7 %. Die Ohren sind also beim Shetlandpony relativ zur Widerristhöhe ganz geringfügig kleiner, relativ zur Kopflänge etwas größer, jedoch keinesfalls breiter als beim Kaltblutpferd.

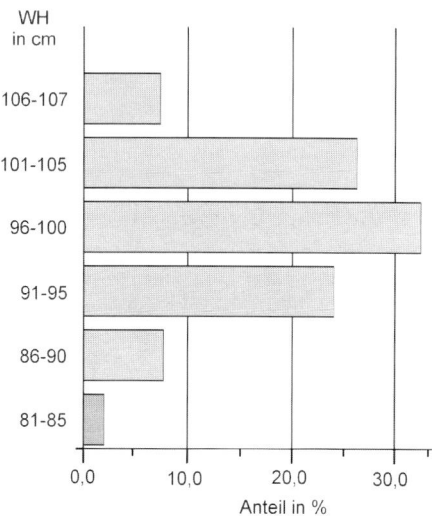

Abb. 16: Varianz der Widerristhöhe bei einer Population von 2.806 Tieren (J. E. FLADE).

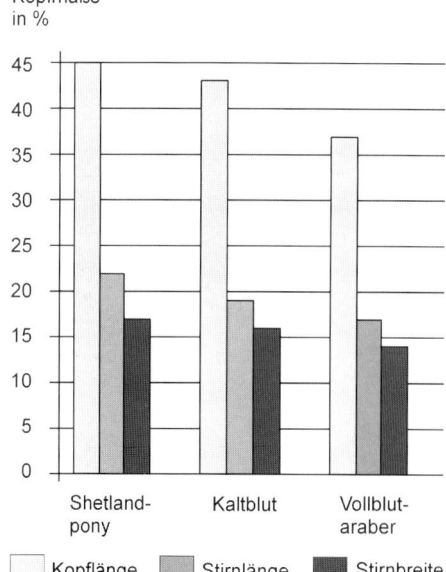

Abb. 17: Kopfmaße in % der WH bei erwachsenen Pferden verschiedener Rassen (J. E. FLADE).

Abb. 18: Ausdrucksvolles, geschlechts- und rassetypisches Gesicht eines Shetlandponyhengstes: Amol von Tanneck, geb. 1989, Widerristhöhe 70 cm. Z.u.B.: Shetlandgestüt Dr. WIESENHÜTTER/ Eisenberg-Tanneck. (Foto: M. RODENBERG/ Eisenberg, 1998).

Abb. 19: Kopfbild einer besonders typvollen Shetlandponystute: Otti, geb. 1969 in Rühen Kr. Helmstedt, später in der Herde des Gestütes Zöthen Kr. Jena (Foto: J. E. FLADE, 1973).

Entsprechend ihrer Nutzung zum starken Zug fällt bei der Betrachtung der relativen Maße fällt die starke Ähnlichkeit der Körperproportionen bei Shetlandpony und Kaltblutpferd auf. Das trifft besonders für die Größe und für die Länge zu, weiterhin für Tiefe und Brustumfang. Geringe Abweichungen ergeben sich bei allen Breitenmaßen. Das Shetlandpony ist im ganzen etwas schmaler als das Kaltblutpferd. Am bedeutendsten sind die Unterschiede in der Fundamentsstärke. Hierbei ist allerdings der diesem Maß anhaftende absolute Fehler zu berücksichtigen, der sich aus der größeren Hautdicke und dem unverhältnismäßig stärkeren Beinbehang des Kaltblüters ergibt. Man kann bei einem weiteren Vergleich des Shetlandponys mit dem polnischen Konik und dem arabischen Vollblut (beide Rassen sind stark von der tarpanartigen Form des Wildpferds beeinflußt) zu dem Eindruck kommen, daß bei der Entwicklung der Maße für die Körperbreite und Röhrbeinumfang eine bevorzugte Anlehnung an die Stammform dieser Rassen einmal vorhanden gewesen ist. Es ist aber dabei zu berücksichtigen, daß sich gerade diese Körpermerkmale einschließlich der nicht zu starken Karpalgelenke (Vorderfußwurzel, Sprunggelenk) dominant im Erbgang verhalten. Durch die bis zu unserer Zeit vorhandene oft natürliche Auslese könnten sich diese Proportionen von der Wildform (westeuropäisches Diluvialpferd) her noch erhalten haben. Bei unseren durch künstliche Zuchtwahl geschaffenen Großpferderassen ist dagegen seit rund 100 Jahren eine ganz intensive Selektion in der umgekehrten Richtung erfolgt. Das gilt auch für das Kaltblutpferd. Jedem Züchter ist bekannt, wie leicht und schnell immer wieder eine gegenteilige Entwicklung erfolgt, wenn diese künstliche Auslese unterbleibt.

Zusammenfassend stellt sich also heraus, daß sich Shetlandpony und Kaltblutpferd im Typ nicht wesentlich voneinander unterscheiden. Im Gegensatz dazu sind die Differenzen zu den im Warmbluttyp stehenden Rassen bedeutend größer. Soweit das nicht in vollem Umfang der Fall ist, wie bei Breite und Röhrbeinumfang, scheinen hier weniger züchterische Ursachen zu bestehen, sondern lediglich die Folgeerscheinungen der ökologisch bedingten natürlichen Auslese, die letzten Endes bei allen Lebewesen zu den rassegebundenen Verschiedenheiten geführt hat und noch führt.

3.2   Farbe und Abzeichen

Es bestehen hinsichtlich der Farbe bei den in verschiedenen Ländern nachgezogenen Shetlandponys grundsätzlich ähnliche Verhältnisse wie im Originalzuchtgebiet. Die Verschiebungen, die sich hierbei ergeben haben, sind weitgehend auf die modische Bevorzugung eines bestimmten Farbbildes, zum Beispiel der vielfältig gezeichneten Schecken zurückzuführen. Hier sind innerhalb weniger Generationen erhebliche Veränderungen möglich. Das kommt auf den Shetlandinseln zum Beispiel in der beschleunigten Verbreitung der Fuchsfarbe in den letzten Jahren zum Ausdruck. Dieser Vorgang ist nachweislich schon im 18. Jahrhundert vorübergehend aufgetreten; damals waren es aber vorwiegend helle Füchse.

In der Shetlandzucht sind alle Farben erlaubt; ausgenommen die Tigerscheckung. Tiere mit dieser Farbe oder mit Abstammungen, die diese Farbe haben, werden in Deutschland jetzt im Deutschen Part-Bred Shetland-Pony weitergezüchtet.

Abzeichen an Kopf und Extremitäten sind bei Shetlandponys äußerst selten und werden nicht gewünscht, da sie auf fremden Bluteinfluß hinweisen oder als Degenerationserscheinungen gelten.

Abb. 20: Typische Ausbildung der Scheckung (Plattenscheckung) beim Shetlandpony. Die weißen Flecken treten, wie auch andere Abzeichen beim Pferd, nur auf farbstofffreier Haut auf. Farbstofffreie Fesseln sind stets mit hellen Hufen verbunden. Hengst Tommy, geb. 1948, Braunscheck (Foto: J. E. FLADE, 1959).

Abb. 21: Stute Ambra, geb. 1989, mit Fohlen, geb. Juni 2000, im Shetlandgestüt »In der Langenbach« (Deutsches Part-Bred Shetland-Pony). (Foto: M. BÜDENBENDER, 2000).

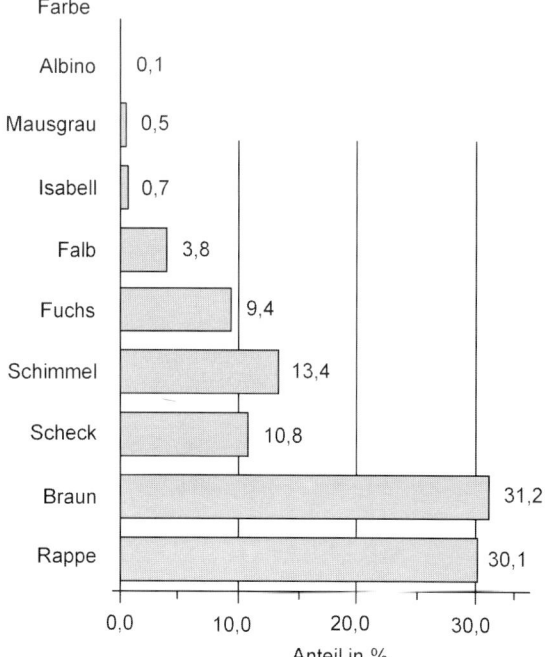

Abb. 22: Farbvarianz bei einer Population von 2.831 Shetlandponys (J. E. FLADE).

3.3   Haarkleid

Besonders auffallend ist der dichte Behang des Shetlandponys an Mähne, Stirn (auch der Stirnschopf ist meist vorhanden), Schweif und Fesseln. Die Schweifhaare reichen bis zum Boden und können noch länger wachsen. Dazu kommt das allgemein sehr kräftig und dicht ausgebildete Haarkleid am ganzen Körper, besonders während der kalten Jahreszeit; ein Merkmal, das auch in unseren Breiten als wesentlicher Unterschied des Shetlandponys von den Kleinpferden Ost- und Südeuropas sowie von unseren Warmblut- und auch den Kaltblutschlägen in großem Umfang erhalten geblieben ist.

Die Stärke des Haares ist im ganzen schwächer als die des Kaltblut-pferdes, weist jedoch bei Mähne und Schweif dieselbe Art der »Wellen-bildung« auf, die für die Abkömmlinge des westeuropäischen Diluvial-pferds allgemein kennzeichnend zu sein scheint.

Abb. 23: Shetlandponys sind sehr anpassungsfähig an unterschiedliche Witterung. Sie bekommen zum Beispiel rechtzeitig ein kräftiges Winterfell: Stute Mira vom Sternlesberg (Pb), geb. 1994; Z. u. B.: Shetlandgestüt ESCHER/ L.-Echterdingen (Foto: A. EICKE/ Musberg, 1999).

Tab. 8: Absolute Haarstärken bei Pferden in nm. (J. E. FLADE).

Rasse	Vorderbrust	Stirnhaare	Mähnenmitte	Schweifwurzel
Shetlandpony Anzahl = 9	33	72	91	169
Kaltblutpferd Anzahl = 12	44	81	94	186
Vollblutaraber Anzahl = 2	37	64	86	180
Przewalskipferd Anzahl = 2	37	110	134	170

Ein Vergleich mit Vollblutarabern (FLADE 1990) zeigt die Mittelstellung, die das Shetlandpony zwischen den beiden extremen Rassen einnimmt, wobei auf die übrigen Abweichungen im Haarkleid des Arabers wie

Haarlänge, Reißfestigkeit usw., die infolge der unterschiedlichen Bindege-
webestruktur auftreten, nicht eingegangen werden kann. Eine »Wellen-
bildung« fehlt beim Araber in der Regel völlig. Die zur vergleichenden
Betrachtung mit angegebenen Werte für das Przewalski-Pferd (VOLF 1996)
zeigen ebenfalls keine Annäherung.

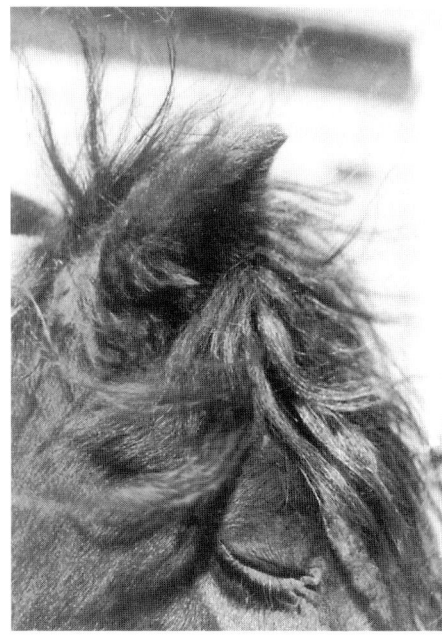

Abb. 24: Das Ohr des Shetlandponys ist infolge des dichten, aber
feinen Behangs an der Stirn, manchmal ohne Stirnlocke, kaum zu sehen
(Foto: J. E. FLADE, 1957).

Vorgenannte Angaben gel
ten für Haarkleid und Be-
hang mit Ausnahme des
Schweifes. Hinsichtlich der
Haarstärke an der Schweif-
wurzel sind keine nennenswerten Unterschiede zum
Araber bzw. Przewalski-
Pferd vorhanden.

Tab. 9: Durchschnittliche Haarstärke beim Shet
landpony in %. (J. E. FLADE).

	Kaltblut = 100%	Vollblut-araber = 100%	Przewalski = 100%
Vorderbrust	75	89	89
Stirnhaare	89	113	67
Mähnenmitte	97	106	68
Schweifwurzel	91	94	99

4 Züchtung

4.1 Brunst und Paarung

Der Brunstzyklus der Shetlandponystuten entspricht dem unserer anderen Hauspferderassen und wiederholt sich etwa alle 21 Tage. Die Stuten zeigen die Brunsterscheinungen in der Regel deutlich. Es kommen aber auch Fälle der sogenannten »stillen Rosse« vor. Deshalb ist es notwendig, wenigstens bei größeren Stutenbeständen einen Hengst ständig in der Zuchtstätte zu halten, damit ein Übergehen der Rosse infolge der fehlenden äußeren Anzeichen vermieden wird.

Nach einer erfolgten Geburt tritt die erste Brunstperiode etwa vom fünften bis zum neunten Tag ein. Die Befruchtungsaussichten sind zu diesem Zeitpunkt am günstigsten und höher als bei einer Bedeckung innerhalb einer späteren Brunstperiode. Je nach Zustand sollte der Stute aber auch die Gelegenheit gegeben werden, sich zu regenerieren. Deshalb ist eine Bedeckung in der Fohlenrosse nicht immer und unbedingt günstig.

Neben dem »Sprung aus der Hand«, wie er in der Großpferdezucht seit Jahrzehnten üblich ist, kennt man in den Shetlandponyzuchten, nicht nur im Originalzuchtgebiet, den »halbwilden« Sprung: Einem bestimmten Hengst werden ausgewählte Stuten zugeteilt, die dieser dann im freien Sprung belegt. Es ist bekannt, daß bei dieser Methode die besten Befruchtungsergebnisse erzielt werden, da der Hengst den günstigsten Bedeckungstermin selbst am besten findet, die Stute durch das intensive Liebesspiel eingehend auf die Bedeckung bzw. Befruchtung vorbereitet und außerdem während der Brunstperiode täglich mehrfach belegt wird. Dagegen steht der stärkere Verschleiß des Hengstes und das Risiko eventueller Verletzungen durch Schlagen, Beißen oder Stürzen. Diese Tatsache ist schließlich auch der Grund dafür, weshalb in der Großpferdezucht der »Sprung aus der Hand« die Regel ist.

Die Mutterstute wird zweckmäßigerweise so belegt, daß das Fohlen nicht vor April geboren wird und so in den Genuß der ersten besonders vitamin- und eiweißreichen Weidegräser und ausreichender Bewegung an frischer Luft kommt.

Abb. 25: Stammstute der Marswood-J-Linie: Jessamine of Marshwood 4845, geb. 1936; Z.: Marshwood-Gestüt/ GB (Foto: Arch. Galloway News Pictorials/ Castle Douglas, überlassen von P. JANS, Marshwood-Gestüt/ Lastrup-Schnelten).

Die Fruchtbarkeit der Shetlandponys ist im allgemeinen gut und liegt infolge der meist günstigen züchterischen Verhältnisse (Stuten und Zuchthengste in einem Betrieb) wenigstens ebenso hoch wie in den vergleichbaren Zuchtstätten für die Warmblutzucht (LIEBENBERG 1953). Infolge der Langlebigkeit der Shetlandponys ist eine ganze Anzahl Stuten mit mehr als zehn Fohlen vorhanden. Darunter sind zahlreiche Tiere mit über 80 % Fruchtbarkeit.

Tab. 10: Vergleichende Angaben zum Spermabild von Shetlandponyhengsten. (nach Material von O. LIEBENBERG).

Rasse	Spermamenge mm³	Zahl der Spermien je mm³	Bewegungs- intensität der Spermien	Lebensdauer des Spermas in Tagen
Belgisches Kaltblutpferd	195 000	165 000	3,71	1,85
Araberpferd	117 000	140 000	3,71	1,71
Shetlandpony	30 000	150 000	3,64	1,71

Abb. 26: Für die Förderung der Zucht sind Absatzveranstaltung, Schauen und Körungen von besonderer Bedeutung, hier: Thüringer Fohlenchampionat in Arnstadt-Angelhausen mit Vorstellung der Mini-Shetland-Fohlen des Gestütes Dr. WIESENHÜTTER/ Eisenberg-Friedrichstanneck (Foto: I. WIESENHÜTTER/ Eisenberg, 1996).

Abb. 27: Die braune Stute Winnipeg verbrachte den Sommer 1995 mit dem Schimmelhengst Großfürst auf der Weide. Das Ergebnis war 1996 ein gesundes Hengstfohlen. (Foto: C. BOYSEN, 1995).

4.2   Trächtigkeit

Die Trächtigkeitsdauer bei der Shetlandponystute liegt bei durchschnittlich etwa 333 Tagen. Der Unterschied zwischen den Geschlechtern der Fohlen ist mit 0,2 Tagen gering und liegt innerhalb der Fehlergrenze.

Die Dauer der Trächtigkeit ist rassetypisch (FLADE 1963) und beträgt zum Beispiel beim Kaltblutpferd 336,6 Tage, beim Schweren Warmblutpferd auf Oldenburger Grundlage 338,4 Tage und beim Warmblutpferd auf Hannoverscher Grundlage 339,9 Tage.

Tab. 11: Trächtigkeitsdauer der Shetlandponystuten und Geschlechterverhältnis der Fohlen. (J. E. FLADE).

	Hengste Anzahl = 41	Stuten Anzahl = 43	Gesamt Anzahl = 84
Trächtigkeits-dauer	333,1 Tage	332,9 Tage	333,0 Tage
Geschlechter-verhältnis	48,8%	51,2%	100,0%

Die Feststellung der Trächtigkeit kann nach sechs bis acht Wochen durch Blutuntersuchungen auf Eierstockhormone, nach zwei bis drei Monaten durch Harnuntersuchungen erfolgen. Immer häufiger kommt auch das Ultraschallverfahren zum Einsatz. Der Züchter bemerkt etwa in der Hälfte der Trächtigkeitszeit den zunehmenden Leibesumfang der Stute, im siebenten und den späteren Trächtigkeitsmonaten stoßartige Bewegungen des Fötus, zum Beispiel nach dem Aufstehen der Stute oder nach dem Tränken mit kaltem Wasser.

Die Stute soll bis zum Tage der Geburt ihres Fohlens regelmäßig arbeiten, selbstverständlich mit zunehmender Schonung in den letzten Tagen der Trächtigkeit und unter Vermeiden von Ausrutschen, Rückwärtsrichten, Hinfallen, Umspannen oder Überfüttern. Regelmäßige, angepaßte Arbeit fördert den Geburtsvorgang wesentlich.

Die herannahende Geburt zeigt sich einige Tage vorher an dem sich straffenden Euter, an dessen Zitzen sich schließlich gelbliche klebrige Tropfen, die sogenannten Harztropfen, absondern. 48 bis 24 Stunden vor der Geburt läßt die Festigkeit der Beckenbänder beiderseits der Kruppe fühlbar und sichtbar nach. Etwa zwölf Stunden vor der Geburt können die Vorwehen einsetzen. Die Stute scheint in der Lage zu sein, bei umweltbedingten Störungen (Geräusche, Licht, Unruhe) die Ausstoßung des Fohlens willkürlich um sechs bis zwölf Stunden zu verzögern. Die weitaus größte Anzahl – etwa 75% – aller Geburten erfolgt demzufolge in den Ruhe- und Nachtstunden (FLADE 1958).

4.3 Geburt

Beim Shetlandpony geht die Geburt im allgemeinen leicht und ohne Schwierigkeiten vor sich. Die Kopf-Endlage des Fohlens ist, ebenso wie bei anderen Pferderassen, die Regel.

Der eigentliche Geburtsvorgang dauert zehn bis 20 min. Dem Verfasser ist bisher noch kein Fall einer Schwergeburt beim Shetlandpony bekannt geworden. Auch das Öffnen der Eihaut geht meist reibungslos vonstatten; es kommen aber auch Erstickungsfälle vor, so daß eine Geburt im Stall überwacht werden sollte.

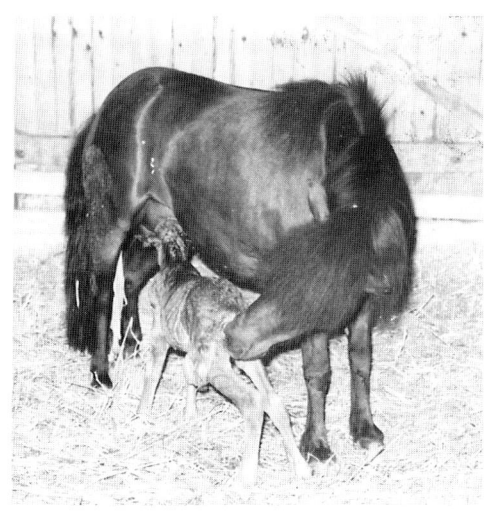

Abb. 28: Mutter Lacy hat gerade Fohlen Leoni zur Welt gebracht. (Foto: H. W. KÖLLING, 1995).

Die Nachgeburt wird spätestens zwei bis vier Stunden nach erfolgter Geburt ausgestoßen; Nachgeburtsverhaltungen sind für die Stute lebensbedrohend, so daß auch hier eine Kontrolle angezeigt ist.

Nach Angaben der IG Shetland (2000) sind die Geburten bei den Mini-Shetlands manchmal problematisch. Deshalb sollte auf eine weitere Verzwergung verzichtet werden.

4.4 Geschlechterverhältnis

Das in Tabelle 11 angegebene Geschlechterverhältnis bei neugeborenen Shetlandponyfohlen weist gegenüber anderen Pferderassen keine nennenswerten Unterschiede auf und entspricht nahezu dem sogenannten biologischen Gleichgewicht, wonach der Anteil der beiden Geschlechter sich etwa wie 50 zu 50 verhält mit der Tendenz eines minimal höheren Anteils der männlichen Geburten.

Farbtafel 1: oben: Typische Shetlandponystute im Originaltyp: Anuschka H 1549, geb. 1974; Bundessiegerstute Münster-Handorf 1885; Z.: H. Raschen/ Oldenburg; B.: P. Jans/ Lastrup-Schnelten. (Foto: Arch. P. JANS/ Lastrup-Schnelten). **unten:** Typischer Shetland-ponyhengst im Originaltyp: »Bayern's Champ«, geb. 1997; Z. u. B.: R. Stumhofer/ Dingolfing; (Foto: R. STUMHOFER, 1999).

Farbtafel 2: oben: Typischer Shetlandponyhengst im Originaltyp: Aladin von Tanneck, geb. 1979; Widerristhöhe 74 cm; Z. u. B. Fam. Dr. WIESENHÜTTER/ Eisenberg-Friedrichstanneck. (Foto: M. RODENBERG/ Eisenberg). **unten:** 36 Jahre altes Shetlandpony: Poldi, geb. 1964 in Freiburg/ Unstrut. Sein arbeitsreiches Leben konnte es bei seinem Besitzer ULRICH WENZEL/ Tultewitz Ende des Jahres 2000 beschließen. (Foto: M. FLADE/ Schieben, 2000).

Farbtafel 3: oben: Das Ideal für Shetlandponys: Eine große Weide für alle Jahreszeiten mit Schutzhütte gegen Hitze und zu große Nässe. Gestüt Dr. WIESENHÜTTER, Eisenberg-Friedrichstanneck. (Foto: D. WIESENHÜTTER/ Eisenberg, 1998). **unten:** Gesunde Waldweide für Shetlandponys im Gestüt ESCHER, L.-Echterdingen. (Foto: A. EICKE/ Musberg, 1999).

Farbtafel 4: oben: Typische Shetlandponystute im Originaltyp: Eunice van Dieren (Mietze), geb. 1969; Widerristhöhe 93 cm vorgestellt von Chr. WIESENHÜTTER; Z.: H. Onstein/ Dieren/ NL; B.: Fam. Dr. WIESENHÜTTER/ Eisenberg-Friedrichstanneck. (Foto: D. WIESENHÜTTER/ Eisenberg, 1999). **unten:** Wie Pferde anderer Rassen auch, verfügen die Shetlandponys über eine hervorragende Beintechnik im Galopp: Einjähriges Stutfohlen Ida vom Sternlesberg, geb. 1999; Z. u. B.: Shetlandgestüt ESCHER/ L.-Echterdingen. (Foto: A. EICKE/ Musberg, 1999).

5 Wachstum und Entwicklung

5.1 Säugezeit

Die Säugezeit beginnt mit der Aufnahme der Kolostralmilch, später dann der Muttermilch durch das Fohlen. Genaue Untersuchungen haben ergeben, daß die Kolostralmilch, auch Biestmilch genannt, etwa 24 bis 30 Stunden nach der Geburt fließt (FLADE 1955; NESENI, FLADE, HEIDLER & STEGER 1958).

Durch die spezielle chemische Zusammensetzung dieser Milch (hoher Trockensubstanzgehalt, hoher Eiweißgehalt, besonders großer Albumin-Globulin-Anteil, hoher Mineralstoffgehalt) ergibt sich eine spezifisch diätetische Wirkung, die den Abgang des Darmpechs bei den neugeborenen Fohlen beschleunigt.

Bereits kurz vor der Geburt schießt die Milch in das Stuteneuter ein. In der Regel saugt das Fohlen von der ersten Lebensstunde an, so daß es in den Genuß der hochwertigen Kolostralmilch kommt.

Tab. 12: Milchqualität bei Shetlandponys. (J. E. FLADE).

nach	Trocken-substanz	Gehalt in der Trockensubstanz in % an:			
		Milchzucker	Gesamt-stickstoff	Gesamt-eiweiß	Milchfett
a) Kolostralmilch					
6 Stunden	15,0	5,5	0,58	3,7	3,7
b) reife Milch					
1 Woche	11,5	5,8	0,36	2,2	2,7
1 Monat	10,8	6,6	0,31	1,9	2,7
2 Monaten	10,6	6,7	0,33	2,1	1,6
3 Monaten	10,0	6,8	0,29	1,8	2,7
4 Monaten	9,8	6,8	0,28	1,6	2,7

Die eigentliche Muttermilch ist das Ergebnis laufender Veränderungen der chemischen Zusammensetzung der Kolostralmilch im Lauf des ersten und zweiten Lebenstages und erreicht ihre spezielle Zusammensetzung nach etwa 24 bis 30 Stunden. Dann verändert sie sich während der Laktation nur wenig; kennzeichnend ist dabei ein ganz langsames Absinken des Trockensubstanzgehalts und des Gesamteiweißes bei gleichzeitigem Ansteigen des Milchzuckergehalts. Der Fettgehalt, der weit unter dem Wert für die Rindermilch liegt, aber etwas höher als bei den Großpferden ist, bleibt annähernd konstant (NESENI, FLADE, HEIDLER & STEGER 1958).

Insgesamt gesehen ist der energetische Wert der Shetlandponymilch infolge des geringfügig größeren Fettgehalts etwas höher als bei Warm- und Kaltblutpferden.

Er beträgt je 100 g:

- beim Shetlandpony 222,91 J (= 53,2 cal),
- beim Kaltblutpferd 196,51 J (= 46,9 cal),
- beim Warmblutpferd 198,19 J (=47,3 cal).

Tab. 13: Milchleistung bei Shetlandponystuten. (J. E. FLADE).

Säuge- monat	kg Milch täglich	kg Milch monatlich
1.	10,3	309,0
2.	11,8	354,0
3.	15,8	474,0
4.	9,5	285,0
5.	9,8	294,0
Gesamt - Ø	11,4	1716,0

Tab. 14: Milchleistung bei Shetlandponys im Vergleich zu Warm- und Kaltblutpferden. (J. E. FLADE).

Rasse (Anzahl)	Milchleistung im Ø von 5 Monaten je Tier und Tag		Lebendgewicht der Stuten im Ø		Tägliche Milch- leistung je 1 kg Lebend- gewicht in g
	absolut in kg	relativ Shetlandpony = 100%	absolut in kg	relativ Shetlandpony = 100 %	
Warmblutpferd (43)	14,3	125	590	268	24,2
Kaltblutpferd (73)	17,1	150	710	323	24,1
Shetlandpony (8)	11,4	100	220	100	52,0

Die Milchleistung ist bei der Shetlandponystute relativ sehr hoch. Bei kleineren Ponys muß mit deren niedrigerem Gewicht innerhalb des Rassestatus mit entsprechend geringerer Milchleistung gerechnet werden. Es ergibt sich eine durchschnittliche Milchleistung von etwa 11 kg täglich während einer fünfmonatigen Laktation, wobei die Spitzenleistung im dritten Monat liegt. Aber selbst noch im fünften Laktationsmonat ist eine außerordentlich hohe Leistung vorhanden, die, soweit wirtschaftlich möglich und ratsam, ein Absetzen des Fohlens erst nach dem fünften oder sechsten Säugemonat durchaus rechtfertigt (FLADE 1955).

Die Muttermilch ist die beste natürliche Nahrung: für das Fohlen. Je länger es sie erhält, desto besser entwickelt es sich und bleibt gesund. Dafür ist kennzeichnend, daß bei frei lebenden Herden die inzwischen schon größeren Fohlen solange bei der Mutter saugen, bis im Verlaufe einer neuen Trächtigkeit die Milch versiegt (FLADE 1957).

Bei einer vergleichende Betrachtung der Milchleistung beim Shetlandpony mit der von Warm- und Kaltblutpferden ergibt sich im Durchschnitt von fünf Monaten bei der Shetlandponystute eine doppelt so hohe tägliche Milchleistung je kg Gewicht (52 g) wie bei Großpferden. Diese enorme Leistung ist anscheinend weitgehend auf die große Saugintensität der Shetlandponyfohlen zurückzuführen bzw. darauf, daß die Fohlen die Muttermilch gegenüber dem Beifutter (Hafer) auch nach den ersten drei Lebenswochen mehr bevorzugen.

Tab. 15: Beobachtungen während des ersten Säugemonats. (J. E. FLADE).

Zahl der Saugakte		Dauer der Säugezeit		Milch je Saugakt in g
je Tier und Tag ( ) = Anzahl	je kg Milch	je Tier und Tag in min	min je Saugakt	
Shetlandpony (71)	6,2	265	3,7	161
Warmblutpferd (63) (z. Vergleich)	4,5	199	3,2	221

Im Lauf des ersten Säugemonats entfallen auf das Shetlandponyfohlen 15% täglicher Saugakte mehr als auf ein Warmblutfohlen. Infolge des kleineren Schluckvolumens sind beim Shetlandpony fast 30% Saugakte mehr zur Aufnahme von einem Kilogramm Milch nötig, als beim Warmblutpferd, während je Saugakt nur rund 75% der Milchmenge aufgenommen werden, die das Großpferdfohlen absaugt.

Zur Verdoppelung seines Geburtsgewichts benötigt das Shetlandponyfohlen 331 kg Muttermilch (in etwa 28 Tagen). Die Vergleichswerte für das Kaltblutpferd betragen 512 kg (in etwa 29 Tagen) und für das Warmblutpferd 572 kg (in etwa 35 Tagen). In diesem Zeitraum, in dem noch kein Beifutter gegeben wird, benötigt also das Shetlandponyfohlen je kg Zunahme 14 kg Muttermilch. Die Großpferdefohlen sind mit 9 kg (Kaltblut) und 11 kg (Warmblut) Muttermilchverbrauch je kg Zunahme bedeutend niedriger in ihren Ansprüchen an die Mutter, nehmen jedoch in dieser Periode schon etwas Beifutter auf.

5.2   Fütterung des Fohlens

Bei meist gleichzeitigem Weidegang mit der Mutter bekommt das Fohlen
etwa vier Wochen nach der Geburt geringste Kraftfuttermengen, am
besten Hafer in ganzen Körnern. Am Anfang des zweiten Monats beträgt
die Menge bei Tieren, die bis 100 cm Widerristhöhe bzw. ein Gewicht von
etwa 160 kg im erwachsenen Zustand erreichen, 100 bis 120 g je Tag, bei
Tieren, die bis 110 cm groß bzw. um 220 kg schwer werden, beträgt die
Tagesfuttermenge etwa 140 g. Je Monat wird diese Ration jeweils um die
gleiche Menge erhöht. Nach dem Abtrieb wird das Weidefutter durch
Rauhfutter (Futterstroh und Heu) ersetzt. Die Fohlen erhalten während
des ersten Winters (etwa 10 Monate alt) z.B. die in Tabelle 16 angegebenen
Futterrationen.

Je nach dem späteren Verwendungszweck des Fohlens ist der Termin des
Absetzens von der Mutter zu empfehlen:

Spätere Verwendung als:	frühestens abgesetzt im Alter von:
Arbeitspony	4 Monaten
Zuchtstute	5 Monaten
Zuchthengst	5 bis 6 Monaten

Das Absetzen des Fohlens sollte jedoch heute möglichst nicht nur aus
wirtschaftlicher Sicht begründet werden.

Abb. 29: Acht Tage altes Fohlen, 65 cm groß und 20 kg schwer. Die Räder des Ernte-
wagen sind 130 cm hoch (Foto: J. E. FLADE).

Tab. 16: Futterration in der ersten Winterfütterungsperiode. (J. E. FLADE).

Futtermittel	Endwiderristhöhe	
	unter 100 cm	bis 110 cm
Kraftfutter	1,2 kg	1,4 kg
Rauhfutter(50% Wiesenheu + 50% Futterstroh)	2,0 kg	2,0 kg
Saftfutter (Rüben und Möhren)	1,5 kg	1,5 kg

Tab. 17: Futterration in der zweiten Winterfütterungsperiode. (J. E. FLADE).

Futtermittel	Endwiderristhöhe	
	unter 100 cm	bis 110 cm
Kraftfutter	0,7 kg	1,0 kg
Rauhfutter (50 % Wiesenheu + 50% Futterstroh)	2,2 kg	2,5 kg
Saftfutter (Möhren und Rüben)	2,5 kg	2,5 kg

Tab. 18: Futterration in der dritten Winterfütterungsperiode. (J. E. FLADE).

Futtermittel	Endwiderristhöhe	
	unter 100 cm	bis 110 cm
Kraftfutter	0,7 kg	1,0 kg
Rauhfutter (50% Wiesenheu + 50% Futterstroh)	2,8 kg	3,0 kg
Saftfutter (Rüben und Möhren)	2,5 kg	2,5 kg

Je länger die Fohlen in den Genuß der Muttermilch kommen, desto besser ist es für ihre Entwicklung. Die angegebenen Zahlen für den Zeitpunkt des Absetzens können hierbei nur richtungweisend sein. Das Absetzen soll nicht von einem Tag zum anderen erfolgen, sondern sich etwa über eine Woche erstrecken.

Das zweite und dritte Aufzuchtjahr dienen besonders der Entwicklung von Tiefe und Breite beim Fohlen. Damit parallel geht die Gewichtszunahme. Eine Förderung des Wachstums in dieser Richtung geschieht, wie bei vielen unserer Haustiere, besonders durch ausreichenden Weidegang während des Sommerhalbjahrs und genügend hohe Rauhfuttergaben im Winter. Mit Rücksicht auf das durch einseitige große Gaben von Hafer verstärkte Höhenwachstum muß darauf geachtet werden, Hafer sparsam zu verwenden. Vorschläge einer täglichen Futterration, die den Forderungen nach der rassetypischen Entwicklung hinsichtlich der Größe, Tiefe und Breite entspricht, sind angegeben.

Die Fütterungsverhältnisse im dritten Lebensjahr des Fohlens ändern sich gegenüber denen im zweiten Lebensjahr nur wenig. Aufgrund des zunehmenden Körpergewichts muß im dritten Winter an Rauh- und Saftfutter etwas zugelegt werden.

In vielen Zuchtbetrieben werden die Fohlen im zweiten und dritten Winter, manchmal auch schon im ersten Winter, ständig im Freien gehalten. Dabei ergibt sich aus dem Energieverlust, der bei großer Kälte eintritt, unter Umständen die Notwendigkeit einer angepaßten Kraftfutterzulage.

Die eigentliche Winterfütterungsperiode beginnt beim Shetlandpony erst dann, wenn der vollständige (ganztägige) Abtrieb erfolgt, das heißt, wenn die Weiden eingeschneit sind oder keine weitere Nutzung vertragen. Dadurch wird die Dauer der Winterfütterungsperiode für die Shetlandponyfohlen wesentlich herabgesetzt.

Die gesamte Fütterung bedarf beim wachsenden Shetlandpony außerordentlichen Fingerspitzengefühls und erheblicher Sachkenntnis. Die angegebenen Futterrationen können demzufolge keine Rezepte sein, sondern müssen je nach Futterqualität und Haltungsverhältnissen verschieden gehandhabt werden. Größter Wert ist dabei auf die rasseeigentümliche Entwicklung zu legen, wie sie aus dem nächstfolgenden Abschnitt hervorgeht.

Einem Absetzer oder einem Jährling muß für seine optimale Entwicklung in diesem Zeitraum immer ausreichend Futter (evtl. auch Mineral- und Zusatzfutter) zur Verfügung stehen.

Meist wird jedoch bei der Fütterung der Shetlandfohlen zu viel des Guten getan. Als Folge treten dann meist schon im ersten Jahr degenerative Wachstumsabweichungen ein, die ebenfalls nicht mehr rückgängig gemacht werden können. Im Gegensatz zu den Großpferden ist es hier vielfach besser, die Fohlen knapp zu halten, da ja auch im Originalzuchtgebiet ständiger Nahrungsmangel besteht.

Es darf auch nicht vergessen werden, daß die Shetlandponys immernoch zu landwirtschaftlichen und sonstigen Arbeiten herangezogen werden, bei denen sich ein Überschreiten der Originalgröße als vorteilhaft erweist bzw. notwendig macht. Zwischen dem Wunsch, den züchterisch richtigen Originaltyp und einen ökonomisch zweckmäßigen Arbeitstyp zu schaffen, muß hier der Aufzüchter den goldenen Mittelweg finden.

5.3   Körperentwicklung des Fohlens

Das Wachstum des Fohlens und seine Entwicklung sind für seine spätere
Leistungsfähigkeit nach Erreichen der Zucht- und Nutzreife entscheidend.
Das betrifft alle Faktoren der Leistung. Entsprechend seiner Herkunft liegt
das Shetlandpony hinsichtlich dieser Eigenschaft zwischen dem Kaltblutpferd der Hochzuchtgebiete und dem edlen Warmblutpferd.

Normale und der Eigenart der Rasse entsprechende Fütterungsverhältnisse vorausgesetzt, sind die relativen Zunahmen des Shetlandponys
im ersten Lebensjahr ohne weiteres mit denen unserer Großpferderassen
vergleichbar. Eine gewisse Verlangsamung der Entwicklung des
Shetlandponys tritt dann zwischen dem ersten und zweiten Lebensjahr
ein. Sie wird durch eine höhere Zunahmeintensität während des dritten
und vierten Lebensjahrs wieder ausgeglichen. Mit Ende des vierten Lebensjahrs hat das Shetlandpony rund 95% seines Endgewichts erreicht;
ein geringfügig größerer Wert ergibt sich für das Kaltblutpferd, während
die Warmblüter nur etwa 90% im gleichen Lebensabschnitt erreichen.

Tab. 19: Verdoppelung des Geburtsgewichts. (J. E. FLADE).

Rasse	Anzahl	Geburts-gewicht in kg	Zeit bis zur Ver-doppelung des Geburts-gewichtes in Tagen	tägliche Zunahme in g
Shetlandpony	10	20,7	etwa 28	740
Kaltblutpferd	55	55,8	etwa 29	1.924
Warmblutpferd (Trakehner Abstammung)	19	49,3	etwa 35	1.409

Die Zeit, in der eine Verdoppelung des Geburtsgewichts eintritt, kann
ebenfalls als Maßstab für die Wachstumsintensität gelten. Es stellt sich
auch hier die verhältnismäßig hohe Zunahmegeschwindigkeit des
Shetlandponys heraus, die sich praktisch mit der des Kaltblutpferds deckt,
während das diesen beiden Rassen gegenüber typfremde Warmblutpferd
relativ erheblich hinter diesen Werten zurückbleibt. Dieselben
Verhältnisse ergeben sich auch für die relativen Gewichtszunahmen. Die
absoluten täglichen und Gesamtzunahmen sind beim Kaltblutpferd am
größten.

Das relative Geburtsgewicht beträgt beim Shetlandpony etwa 10% des
Endgewichts. Es liegt damit geringfügig höher als bei den Großpferderassen (Warmblut etwa 9%, Kaltblut etwa 8% –, wahrscheinlich infolge

günstigerer fötaler Ernährung). Die Zunahmeintensität, bezogen auf das Geburtsgewicht, ist beim Shetlandpony und beim Kaltblutpferd nahezu die gleiche.

Tab. 20: Zuwachs der Höhe und Länge. (J. E. FLADE).

Maß	Geburtsmaß in cm	Zuwachsrate in %			
		Geburt	1. Jahr	2. Jahr	3. Jahr
Widerristhöhe	67,0	0	42	54	66
Kreuzbeinhöhe	68,0	0	44	54	64
Rumpflänge	50,5	0	65	108	126

Tab. 21: Zuwachs der Röhrbeinstärke. (J. E. FLADE).

Maß	Geburtsmaß in cm	Zuwachsrate in %			
		Geburt	1. Jahr	2. Jahr	3.Jahr
Röhrbeinumfang	9,9	0	33	45	57

Das Gewicht eines Tieres ist bekanntlich die Summe der Entwicklung der einzelnen Körperteile (FLADE 1965). Anhand der Tabellen sollen die Verhältnisse bei den wichtigsten Maßen für Höhe, Länge, Breite und Tiefe des Körpers sowie bei der Fundamentsstärke erläutert werden. Die Maße für die Höhe des Widerrists und des Kreuzbeins haben eine fast gleichartige Entwicklung. Im Lauf des Wachstums schließt sich auch die Rumpflänge dieser Tendenz an. Infolge ihres bei der Geburt noch geringen Entwicklungsstandes hat sie jedoch einen größeren Nachholebedarf und demzufolge ein relativ rasches Wachstum (FLADE 1957, 1958, 1965, 1983).

Das Fohlen ist also zum Zeitpunkt der Geburt hoch und dabei kurz. Das ist bekanntlich auch bei den Großpferden der Fall. Dabei macht sich auch eine geringe Überhöhung des Kreuzbeins bemerkbar, die erst gegen Ende des Wachstums verschwindet. Mit zunehmendem Lebensalter, besonders im ersten Jahr, nimmt die Länge des Fohlens zu. In der Zuwachsrate ausgedrückt, ergibt sich demnach folgendes Bild:

Der Röhrbeinumfang nimmt einen ähnlichen Wachstumsverlauf wie die Höhe des Fohlens. Hier sind zum Zeitpunkt der Geburt rund zwei Drittel des Endwerts vorhanden, bei Vollendung des ersten Lebensjahrs bereits 90%. Der Röhrbeinumfang ist das Maß, welches im Lauf des Wachstums den geringsten Veränderungen unterworfen ist, da die Röhrbeinstärke die kleinste Zuwachsrate aufweist. Praktisch bedeutet das, daß ein bei Geburt schon relativ schwaches Röhrbein trotz guter und mineralstoffreicher Fütterung des Fohlens seinen im Verhältnis zur Widerristhöhe oder zum

Gesamtkaliber zu knappen Entwicklungsstand behält. Die Zahlen für die Zuwachsrate machen diese Tatsache deutlich.

Tab. 22: Zuwachs beim Shetlandpony in % des Geburtsmaßes. (J. E. FLADE).

	1. Jahr	2. Jahr	3. Jahr
Widerristhöhe	42	54	66
Kreuzbeinhöhe	44	54	64
Rumpflänge	65	108	126
Röhrbeinumfang	33	45	57
Brusttiefe	81	102	121
Vorderbrustbreite	79	116	129
Brustumfang	81	115	133
Rippenbrustbreite	100	145	159
Hüftbreite	97	132	152

Der weitere Entwicklungsverlauf für die Breite und Tiefe des Shetlandponyfohlens zeigt große Übereinstimmung. Mit rund 40 bis 43% des Endwerts sind diese Maße bei der Geburt angelegt, haben also eine höhere Wachstumsintensität und sind in größerem Umfang beeinflußbar als die Höhenmaße und der Röhrbeinumfang. Für die Fütterung und Aufzucht ist das ein Hinweis auf die Notwendigkeit, gerade die großen Möglichkeiten der positiven Beeinflussung des Wachstums dieser wichtigen Körperteile besonders wahrzunehmen. Das gilt vor allem für die Verwendung spezieller Futtermittel während der Winterfütterungsperiode (Rauhfutter usw.) und mindestens in demselben Umfang auch für ausreichenden und langfristigen Weidegang.

Tab. 23: Wachstum bis zum Ende des vierten Lebensjahres; Geburt = 100%. (J. E. FLADE).

	Shetlandpony	Kaltblutpferd
Widerristhöhe	158,9%	163,9%
Kreuzbeinhöhe	159,7%	164,2%
Rumpflänge	226,3%	232,3%
Röhrbeinumfang	245,0%	274,7%
Brusttiefe	225,5%	248,1%
Vorderbrustbreite	229,4%	217,2%
Brustumfang	229,7%	237,1%
Rippenbrustbreite	283,8%	268,5%
Hüftbreite	251,3%	282,5%
Gewicht	1067,5%	1153,8%

Gerade bei der Entwicklung dieser Maße ist natürlich auch die Gefahr der negativen Beeinflussung durch die Fütterung am größten, und deshalb ist hier das fachliche Können des Aufzüchters von ausschlaggebender Bedeutung für den Erfolg. Von den angegebenen Körperteilen haben Rippenbrustbreite und Hüftbreite eine etwas größere Zuwachsrate als Brusttiefe, Vorderbrustbreite und Brustumfang. Die Unterschiede sind jedoch gering.

Abb. 30: Die Gelenkigkeit und Beweglichkeit des neugeborenen Fohlens sind erstaunlich (Foto: J. E. FLADE).

Wie aus den Angaben hervorgeht, ergeben vergleichende Betrachtungen mit Kaltblutpferden, daß das Shetlandpony trotz etwas kürzerer Trächtigkeitsdauer eine minimal größere Reife bei der Geburt erreicht. So ist der postnatale Zuwachs insgesamt um rund 10% geringer als beim Kaltblutpferd. Das Wachstum des Kopfes verläuft mit dem der Höhenmaße fast parallel.

Es ergibt sich hier die manchem Züchter bekannte Tatsache, daß die bereits bei der Geburt vorhandene Kopfgröße sich im Verhältnis zum gesamten Tierkörper während der Wachstumszeit nur unwesentlich verändert, selbst wenn es durch die Verschiebung der Proportionen von anderen Körperteilen zueinander so erscheint. Nur (und das geht aus den Maßen nicht hervor) eine Änderung der Wölbung von Stirnteil und Nasenteil erfolgt in dieser Lebensperiode. Beim Shetlandpony (im übrigen auch beim Araber) ist das besonders der Fall.

Bei und in den ersten Wochen nach der Geburt ist die starke Stirnwölbung sehr auffallend, die jedoch schon im Lauf des ersten Lebensjahrs in den Hintergrund tritt. Das Verhältnis Breite zu Länge unterliegt dagegen praktisch während der Entwicklungsperiode keinen Veränderungen.

Tab. 24: Entwicklung des Kopfes beim Shetlandpony. (J. E. FLADE).

	Lebensalter			
	Geburt	1. Jahr	2. Jahr	3. Jahr
Kopflänge				
absolut in cm	30,6	42,7	45,0	48,5
relativ in % der Widerristhöhe	46,0	45,0	44,0	44,0
relativ in % des Geburtsmaßes	100,0	139,0	147,0	159,0
relativ in % des Endmaßes	63,0	88,0	93,0	100,0
Stirnlänge				
absolut in cm	15,9	21,0	22,5	23,0
relativ in % der Kopflänge	52,0	49,0	50,0	47,0
relativ in % des Geburtsmaßes	100,0	132,0	142,0	145,0
relativ in % des Endmaßes	69,0	91,0	98,0	100,0
Stirnbreite				
absolut in cm	11,4	16,2	17,5	18,3
relativ in % der Kopflänge	37,0	38,0	39,0	38,0
relativ in % des Geburtsmaßes	100,0	142,0	154,0	161,0
relativ in % der Stirnlänge	72,0	77,0	78,0	80,0
relativ in % des Endmaßes	62,0	88,0	96,0	100,0

Tab. 25: Zahnwachstum beim Shetlandpony. (J. E. FLADE).

	Zähne erscheinen frühestens nach
Milchschneidezähne	
1	2 Wochen
2	3 Monaten
3	7 Monaten
Schneidezahnwechsel	
1	2,5 Jahren
2	3,5 Jahren
3	3,5 Jahren
Abnutzung der Zähne – Gestalt der Reibefläche – Form:	
oval	unter 10 Jahren
rund	11-17 Jahren
dreieckig	18-21 Jahren
queroval	über 22 Jahren

Für das Zahnwachstum gilt, daß in zahlreichen Fällen ein gegenüber unseren Großpferden verzögerter Durchbruch der Milchzähne erfolgt und durch das langsamere Zahnwachstum auch der Abschliff der Reibefläche beim erwachsenen Tier etwas später in das Stadium tritt, das zum Beispiel für die Altersbestimmung bei Großpferden maßgebend ist. Für die Praxis der Feststellung des Alters beim Shetlandpony ist die Kenntnis dieser Tatsache wertvoll.

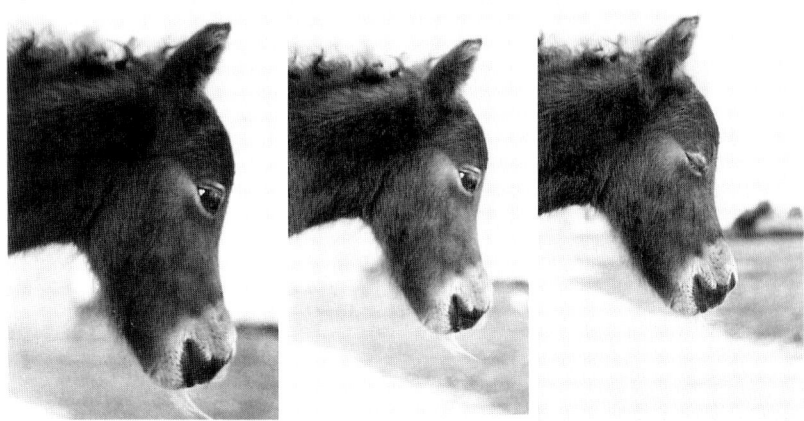

Abb. 31: Kopfbild eines Fohlens im Alter von 48 Stunden. Die starke Wölbung der Stirn ist deutlich sichtbar. Bei der dritten Aufnahme ist das Fohlen eingeschlafen (Foto: J. E. FLADE).

Die Entwicklung der Hufe hinsichtlich ihrer Festigkeit ist eigentlich bereits im Alter von ein bis zwei Monaten endgültig. Die Größenentwicklung der Hufe verläuft mit dem Gesamtwachstum der Fohlen parallel. Auch die Hufform ist (wie beim Großpferd oder bei anderen Kleinpferderassen) schon beim Jungtier die bleibende, wobei sich die bekannten Unterschiede zwischen der Ausbildung der Vorderhufe (breiter und kürzer) und der Hinterhufe (schmaler und länger) ergeben. Der Huf des Shetlandponys ist hart und in der Regel frei von irgendwelchen Mißbildungen.

Wie mitgeteilt wurde, scheint mit zunehmender Bodenständigkeit der Shetlandponys in unserem Gebiet eine Änderung dieser Verhältnisse in Richtung auf die Eigenschaften der Großpferde einzutreten. Das gilt sinngemäß natürlich auch für die hier allgemein beschleunigten Wachstumsverhältnisse als Produkt der besseren Fütterung und des milderen Klimas (im Verhältnis zu den Shetlandinseln weniger Wind, mehr Sonnentage, weniger Luftfeuchtigkeit usw.). Zusammenfassend ist also eine Beschleunigung des Wachstums und damit ein früheres Eintreten der Geschlechts-, Nutz- und Zuchtreife die Folge der Umsetzung von Shetlandponys aus dem Orginalzuchtgebiet beispielsweise nach Deutschland.

6 Fütterung und Haltung des erwachsenen Shetlandponys

6.1 Fütterung der Arbeitsponys

Einleitend mag gesagt sein, daß die Shetlandponys neben den für Pferde allgemein üblichen Futtermitteln wie Hafer, Heu usw. auch kleine Mengen Küchenabfälle (Kartoffeln, Gemüse) in einwandfreiem Zustand und begrenzten Mengen gern fressen. Die Höhe und Qualität der Futtermittelgaben sind beim Arbeitspony von der ihm abverlangten Arbeitsleistung abhängig. Im Durchschnitt ist dabei, falls überhaupt, mit einer maximal vier- bis sechsstündigen täglichen Arbeitszeit zu rechnen.

Tab. 26: Futterration für das Arbeitspony. An Stelle von Rauh- und Saftfutter tritt außerhalb der Wintermonate der nächtliche und sonntägliche Weidegang. (J. E. FLADE).

Futtermittel	Endwiderristhöhe	
	unter 100 cm	über 110 cm
Hafer	1,0 kg	1,2 kg
Rauhfutter mittlerer Qualität	2,5 kg	3,0 kg
Saftfutter (Rüben)	3,0 kg	3,5 kg

Das Pony ist infolge seiner naturgegebenen Anspruchslosigkeit weitgehend von qualitativ weniger wertvollen Futtermitteln zu ernähren. Das setzt voraus, daß es, ebenfalls naturgegeben, neben der Eigenerhaltung keine körperlichen Leistungen vollbringt, wie sie zum Beispiel Zugleistungen aller Art darstellen. Diese Tatsache wird häufig übersehen. Von dem Zeitpunkt einer regelmäßigen Arbeitsnutzung an muß selbstverständlich auch das entsprechende Zusatzfutter gegeben werden, das als Hafer in besonders geeigneter Form vorliegt. Bei geringer oder fehlender Arbeitsbelastung muß dann diese Kraftfutterzugabe verringert oder gestrichen werden. Sie ist je nach Intensität der Leistung und je nach Ganggeschwindigkeit (Schritt, Trab) zu variieren. Bei Shetlandponys, die vorwiegend oder ausschließlich als Laufpferde Verwendung finden, muß unter Umständen eine geringe Erhöhung der Haferration bei gleichzeitigem Abzug von Saftfutter (beispielsweise Grünfutter oder Futterrüben) erfolgen, damit das Schwitzen der Tiere eingeschränkt und ihre Fähigkeit zur Dauerleistung erhöht wird. Unter Berücksichtigung dieser Eigenarten kann für ein nur zur Arbeit verwendetes Pony bei normaler, im Schritt bewältigter Zugbelastung die in Tabelle 26 angegebene tägliche Futterration Anhaltspunkte für die Praxis geben.

Arbeitsponys, die nur zu leichter und kurzfristiger Leistung herangezogen werden, können bei durchschnittlicher Weidequalität und ausreichendem frischen Wasser während des Sommerhalbjahrs ohne jede Kraftfuttergabe gut auskommen, was ja auch den überwiegend auf den Shetlandinseln üblichen Verhältnissen entspricht.

Kraftfutter und zu wenig Arbeit begünstigen nicht nur Krankheiten, sondern sind auch die Ursache von unerwünschten und gefährlichen Temperamentsäußerungen jedes Pferdes, so auch des Shetlandponys!

6.2   Fütterung des Zuchtponys

Sollen die Shetlandponys neben ihrer Arbeit auch noch für den Nachwuchs sorgen, sind hinsichtlich der Fütterung nur geringe Veränderungen notwendig. An hochtragende Zuchtstuten gibt man zweckmäßig eine etwas höhere Eiweißgabe, am praktischsten über den Hafer, der rund 10% Roheiweiß enthält. Auch die Zufütterung von Erbsen- oder Sojaschrot (Achtung: enthält 25 bis 35% Roheiweiß!) kann erfolgen. Allgemein genügt eine tägliche Zusatzgabe von 0,5 kg Hafer oder 0,2 kg Erbsenschrot pro Tier.

Werden die Hengste in starkem Umfang zur Zucht herangezogen, so ist für diese Periode ebenfalls eine geringe Erhöhung der Eiweißration angängig, die im allgemeinen auch nicht über 0,5 kg Hafer bzw. die entsprechende Menge Erbsenschrot täglich hinausgehen soll.

Nur zur Zucht gehaltene Shetlandponys benötigen bei einigermaßen qualitativ ausreichender Weide während der Weideperiode keinerlei Zufutter. Im Verlauf der Wintermonate genügt die Verabreichung von Rauh- und Saftfutter in dem Umfang, wie er in der Tabelle 26 verzeichnet ist, vollkommen.

Bei ausschließlicher Weidehaltung muß unter unseren Verhältnissen allgemein für das Sommerhalbjahr (etwa 1. Mai bis 31. Oktober bzw. 30. November) mit bis zu 0,5 ha Grünland je Shetlandpony bei 200 kg Gewicht gerechnet werden. Bei Standweiden schlechtester Qualität (Heide, Ödland) erhöht sich die je Pony benötigte Weidefläche auf 1,0 bis 1,25 ha. Dabei muß allerdings berücksichtigt werden, daß diese Flächen sonst landwirtschaftlich nicht nutzbar sind, wenn man von der Schafhaltung absieht.

Bei zu kleinen Standweiden besteht eine erhöhte Gefahr der Verwurmung. Außerdem tritt dort auch häufiger Weidemüdigkeit auf.

Weidehaltung von Shetlandponys gemeinsam mit Großpferden hat sich gut bewährt. Das Temperament und die Vitalität der Shetlandponys sorgen dafür, daß keine Unterdrückung der Kleinen durch die Großen stattfindet und daß die Ponys nicht zu kurz kommen. Man findet dann meist, daß sich die Shetlandponys zu einer Herde zusammenschließen, die sich von den Großpferden etwas absondert (FLADE 1991).

Der Tränkwasserbedarf des Shetlandponys ist, ebenso wie bei Warm- und Kaltblutpferden, groß. Bei der Weidehaltung muß dieser Tatsache stets Rechnung getragen werden, auch deshalb, weil die Tiere bei Durst versuchen, aus den Koppeln auszubrechen. Bekanntlich gelingt ihnen das infolge ihres kleinen Wuchses durch geschicktes Durchkriechen unter dem untersten Koppeldraht oder auch zwischen den Drähten leicht. Dieser Fall tritt übrigens auch dann ein, wenn der Ertrag der Koppel zur Sättigung der Ponys nicht mehr ausreicht und die reicher gedeckten Tische in der Nachbarschaft locken. Haben sich die Ponys erst einmal an diesen für sie so idealen Zustand gewöhnt, so sind sie schwer in Koppeln mit normaler Umzäunung zu halten. Es muß dann der teure Maschendraht zur Einzäunung oder der Elektrozaun zur Unterstützung der normalen Spanndrähte verwendet werden (FLADE 1991).

7 Verhaltensweisen des Shetlandponys

Gediegene Kenntnisse der Verhaltensweisen des Shetlandponys und ihre Anwendung im täglichen Umgang mit ihm sowie bei seiner Aufzucht und Ausbildung sind entscheidende Grundlagen für seine optimale Entwicklung und damit auch für seine Gesundheit, Leistungsfähigkeit und Lebensdauer. Sinn dieses Abschnitts ist es, dazu einige Informationen zu vermitteln und zum Nachdenken anzuregen. Zudem soll die artgerechte Tierhaltung, wie sie die Tierschutzgesetzgebung auch für Pferde zu Recht vorschreibt, damit speziell begündet werden. Die folgenden Bemerkungen möchten dem Züchter und Halter von Shetlandponys helfen, mit einem ihnen zugewandten, friedfertigen und zuverlässigen vierbeinigen Partner enge kameradschaftliche Beziehungen aufzubauen (FLADE 1991, FLADE 1994/1995).

7.1 Allgemeine Grundlagen

Im Verlauf der etwa 65 Millionen Jahre währenden Entwicklungszeit der Gattung *Equus,* zu der heute neben dem Pferd noch Esel, Zebra sowie die Halbesel (Khur, Kiang, Kulan, Onager) gehören, wurden besonders folgende Verhaltensweisen gefördert:

Ständige Fluchtbereitschaft: Der pflanzenfressende Equide war und ist eine willkommene Beute für Großraubtiere. Seine Überlebenschance liegt im rechtzeitigen Erkennen der Gefahr, einem raschen Antritt und großer ausdauernder Schnelligkeit, da es nur so den meist weit schnelleren aber weniger ausdauernden Raubtieren entkommen kann. Sein Reservespeicher (Glykogen) ist entsprechend groß und durch einen Adrenalinstoß sofort und unmittelbar abrufbar. Zudem ist das Pferd ein »Dauerfresser«, hat also wenig »Bauch« und damit nur das unbedingt notwendige Gewicht. Das Frühwarnsystem ist zweckmäßig entwickelt und umfaßt zum Beispiel Blickfeld, Bewegungssehen, Hörbild und Vibrationsempfindlichkeit. Der starke Herdentrieb bietet einen weiteren Schutz. Alle diese Eigenschaften sind arttypisch und genetisch verwurzelt.

Ernährung: Der Wild-Equide bewohnte vorwiegend die Steppe, auch die Waldrandgebiete. Er hat sich während des jüngeren Teiles der Evolution vom Laub- zum Grasfresser entwickelt. Infolge seines spezifischen Magen-Darm-Systems (kleiner Magen, keine Gallenblase, großer Blinddarm) ist es täglich auf etwa sechzehnstündiges Fressen entsprechend dem kümmerlichen Angebot der Steppenflora eingestellt. Nur im regenreicheren Frühjahr ist das Nahrungsangebot vielfältiger. Er ist weiterhin Selbstversorger bezüglich der lebenswichtigen Vitamin-B-Gruppe und gewinnt durch Verdauung der Mikroorganismen im Blinddarm zusätzlich tierisches Eiweiß (FLADE 1991).

Fortpflanzung: Brunst- und Abfohlzeit sind beim Wildpferd (VOLF 1996) deutlich auf die Zeiten mit reichlichem Futterangebot und günstigeren Außentemperaturen eingestellt und entsprechend synchronisiert. Damit werden die Chancen zum Überleben der Fohlen (und auch der Mutterstuten) begünstigt oder überhaupt erst gegeben.

Händigkeit (Rechts- bzw. Linkshändigkeit): Wie bei anderen Säugetierarten auch, ist die Händigkeit beim Pferd als Schutzfunktion für das Wiederfinden des Herdenrevieres mehr oder weniger deutlich ausgeprägt. Sie wird durch den Gleichgewichtssinn kontrolliert und ist entsprechend fest verankert. Deshalb sind Veränderungen dieses angeborenen Verhaltens (rechte oder linke Hand bevorzugt) äußerst schwierig, langwierig und können mit erheblichen Konflikten verbunden sein.

Abb. 32: Vierjähriger Shetlandponyhengst Kämpfer, VE Gestüt Zöthen Kr. Jena (Foto: J. E. FLADE, 1973).

Beim Umgang mit seinem Pferd muß der Mensch von dessen Verhaltensweisen ausgehen, nicht etwa von seinen eigenen Denkleistungen oder Reaktionen. Dazu gehört die Kenntnis der zwischen Pferden üblichen Beziehungen, ihrer Verhaltensmuster und der Besonderheiten ihrer Sinnesleistungen. Es wird vielfach der Fehler gemacht, den Umgang mit dem Pferd nach menschlichen Maßstäben zu gestalten und damit unterstellt, daß das Pferd den Menschen versteht. Infolge der (am Menschen gemessen) minimalen geistigen Leistungsfähigkeit des Pferdes ist das unmöglich. Darauf haben schon die Klassiker der Reitkunst, angefangen vor beinahe 2.500 Jahren mit dem Athener XENOPHON, hingewiesen und mit Ratschlagen für die Praxis darauf aufmerksam gemacht.

Die Grundmuster des Verhaltens sind fest im Erbgut des Pferdes verankert, die Veranlagung zu bestimmten Verhaltensweisen weitgehend erblich bedingt. Sie werden durch Erfahrungen, die das Pferd im Verlaufe seiner individuellen Entwicklung als Fohlen sowie später während seiner Haltung und Ausbildung erwirbt, ergänzt oder ersetzt. Unerwünschte angeborene Verhaltensweisen werden dabei abgebaut, erwünschte gefestigt. Werden jedoch die Grundmuster des Verhaltens durch zugeordnete Schlüsselreize aktiviert (zum Beispiel: Schreck = Angst > Scheuen > Panik), stellen sich die durch den Menschen andressierten Verhaltensweisen in der Regel nur noch als Fassade dar, hinter der sich die elementare Natur des Pferdes verborgen gehalten hat. Folglich ist die Erziehung zu einem ständigen, intensiven Bestandteil beim Umgang mit dem Pferd zu machen, sie mit Voraussicht zu gestalten und niemals die Vorsicht außer Acht zu lassen.

Da das Pferd nur aus Erfahrungen lernen kann, ist seine Erziehung nur durch konsequentes Handeln, systematische und korrekte Einwirkungen, Anwendung der Grundsätze der Tierdressur, verbunden mit viel Einfühlungsvermögen, Geduld und Güte bei souveräner Fachkenntnis erfolgreich zu gestalten. Dabei sind die ausgeprägte Individualität sowie die große Empfindsamkeit des Pferdes sorgfältig zu berücksichtigen. Beide schließen routinemäßiges Herangehen von vornherein aus. Die moderne Tierdressur kennt keine Gewalt, im Vordergrund stehen Liebkosung, Belohnung und Konsequenz.

Je früher die Beeinflussung des Pferdes durch den Menschen beginnt, desto sicherer ist das Ergebnis des Erziehungsprozesses. Er muß fester Bestandteil der Aufzucht und Ausbildung sein. Die Schwierigkeiten liegen besonders darin, daß Äußerungen über Wohlbefinden oder Ablehnung des Pferdes nur schwer und nach langer individueller Erfahrung vom Menschen erkannt werden können. Katzen schnurren,

Hunde wedeln mit dem Schwanz, beide zeigen dazu mit ihrer Mimik, daß sie sich wohlfühlen, das ist für uns eindeutig erkennbar, fuhrt zu richtigen Schlußfolgerungen beim Umgang mit diesen Haustieren und macht ihn deshalb auch einfacher. Dagegen ist beispielsweise das Erkennen der Losgelassenheit (Gelöstheit) beim Pferd als Zeichen seines Wohlbefindens weitaus schwieriger. Solche unterschiedlichen, für die Arbeit des Pferdehalters und -ausbilders so wichtigen Verhaltensweisen wie »Zurückhaltung bis Übermut«, »Hemmungen oder Angst bis Frechheit oder Sturheit« oder »Zuneigung bis Vertrauen und Gehorsam« richtig zu deuten und entsprechend den Lernmöglichkeiten des Pferdes sofort zu reagieren, ist aber die Voraussetzung für dauerhafte Erfolge bei seiner Aufzucht und Ausbildung.

Die angeborenen und die durch Erfahrung zusätzlich erworbenen Verhaltensweisen des Pferdes müssen immer im Zusammenhang mit der Leistungsfähigkeit seiner Sinnesorgane gesehen werden, sie sind deshalb von Pferd zu Pferd unterschiedlich, also individuell zu beurteilen und einzuordnen. In seinem Verhalten ist es auf das Grundsystem »Furcht und Selbstschutz« eingestellt und wird deshalb auch als »Fluchttier« bezeichnet. Diesem System entsprechen seine angeborenen, also natürlichen Verhaltensprogramme, die zwangsläufig ablaufen, wenn sie durch den jeweiligen Schlüsselreiz ausgelöst werden.

7.2   Angeborene Verhaltenskomplexe

Ganz allgemein sind dem Hauspferd, und so auch dem Shetlandpony, folgende Verhaltenskomplexe angeboren, mit denen beim Umgang sowie bei der Ausbildung und Nutzung stets zu rechnen ist (FLADE 1994/1995).

7.2.1 Furcht-Selbstschutz-System

Hierzu gehört die ständige Fluchtbereitschaft. Man kann sie gestaffelt darstellen: Neugier > Erkundung, Vorsicht > Meidung, Furcht > Flucht. Ihre Ursache liegt vor allem darin, daß das Wildpferd, gemessen an seinen natürlichen Feinden, mit einer Geschwindigkeit von nicht viel mehr als 50

Kilometern pro Stunde verhältnismäßig langsam ist, Leopard, Gepard und andere große Raubtiere können über 100 Kilometer pro Stunde erreichen. Im Wildstand kam es also darauf an, die Gefahr frühzeitig zu erkennen und ihr auszuweichen. Die sofortige Flucht bei unklarer Situation war für das Wildpferd eine Existenzfrage. Die »Furcht« wirkt somit auf das Pferd als Schlüsselreiz, auf den es zwangsläufig mit dem Reflex »Flucht«, also »Selbstschutz« reagiert. Das Pferd gilt deshalb als scheu und schreckhaft, ist aber keinesfalls ängstlich, sondern neugierig. Das ergibt sich aus der Vorsicht und spiegelt das Erkundungsverhalten wider, das unter Berücksichtigung der potentiellen Gefahren stets zögernd erfolgt.

Die schnellste Wirksamkeit für die Früherkennung einer Bedrohung hat der Gesichtssinn, der dem Pferd allerdings auf die notwendigen größeren Entfernungen keine konkreten Hinweise übermittelt. Wähnt sich das Pferd in Gefahr, verläßt es sich zuerst auf seine Augen und flieht zunächst infolge der unsicheren Informationen. Das geschieht durch Wegspringen zur Seite oder nach vorn, verbunden mit maximaler Beschleunigung. Sein äußerst feiner und an die Erinnerung gebundener Geruchssinn würde ihm eine genaue Kontrolle des bedrohlich scheinenden Objektes ermöglichen, aber das kann nur auf nähere, deshalb gefährlichere Entfernung und wesentlich langsamer geschehen. Um Hemmungen des Pferdes zu verringern oder auszuschalten, sollte ihm deshalb immer die Möglichkeit gegeben werden, furchterregende Gegenstände zu beriechen, um sich so von ihrer Harmlosigkeit zu überzeugen. Sind Pferde sich selbst überlassen, kann man beobachten, daß sie gegen den Wind laufen, um rechtzeitig aus der Witterung die für ihr Sicherheitsbedürfnis notwendigen Informationen zu erhalten.

Wenn eine Fluchtreaktion ausgelöst, aber ein Entkommen unmöglich ist, verteidigen sich Pferde wirkungsvoll durch Schlagen, Beißen, Steigen, Drücken oder Niederwerfen. Auch die Kleinsten unter ihnen müssen deshalb vor Berührung, Betreten ihrer Boxe, dem Ansträngen, beim Annähern von hinten usw. angesprochen werden. Falls sie beim Erschrecken nicht fliehen können, wehren sie sich sofort. Sie verteidigen ihr Revier gegenüber Artgenossen oder anderen Tierarten, eventuell auch gegenüber dem Menschen. Das überträgt sich auf ihr Verhalten in zu kleinem Raum. Hier kommt es schnell zu Unfällen, wenn man das Revierverhalten und die natürliche »Platzangst« des Pferdes nicht berücksichtigt. Die Abwehrhandlungen des Pferdes sind auf dessen Artgenossen abgestimmt und richten dort selten Schaden an. Für den Menschen können sie aber oft schwere Folgen haben, was auch für den Umgang mit kleinen Pferden, wie den Shetlandponys, gilt.

In den Bereich Furcht/Selbstschutz kann auch eingeordnet werden, daß Pferde von Natur aus weniger springen. Im Gegensatz zu Raubtieren sind sie vom Körperbau her dafür kaum geeignet. Dies gilt besonders für den Hochsprung und die damit verbundene komplizierte Veränderung des Bewegungsablaufes beim Absprung. Der hohe Schwerpunkt des Pferdes und die eingeschränkten Möglichkeiten zur flachen Streckung bereiten zusätzliche Schwierigkeiten beim Springen.

In freier Wildbahn geht das Pferd um ein Hindernis herum, um zu erkunden, ob dahinter nicht Gefahren lauern könnten. Über Wasser springen Pferde nur im Notfall, aber auch dann nur etwa so weit wie das Doppelte ihrer Körperlänge. Reitpferde zu unbedingtem Gehorsam und stabiler Zuverlässigkeit beim Bewältigen von Springbahnen und Geländehindernissen oder Fahrpferde für den Straßenverkehr zu erziehen, bedeutet also auch, ihnen die Furcht vor dem Unbekannten zu nehmen. Dazu gehört, ihren Geruchssinn zu nutzen (Objekte beriechen lassen, Zeit für ihr Informationsbedürfnis lassen) und durch häufige Kontakte die dafür nachteilige angeborene Verhaltensweise zugunsten der erwünschten abzubauen. Schulung der Technik und des Verhaltens müssen eine Einheit bilden. Für die Ausbildung und spezielle Nutzung des Pferdes sind weitere Besonderheiten zu berücksichtigen.

7.2.2 Nahrungstrieb

Zu den Verhaltensweisen des Pferdes mit sehr hoher Wirksamkeit gehört der ausgeprägte Nahrungstrieb = Nahrungsmotivation (FLADE 1991). Er ist so stark, daß er oft Hemmungen, Furcht oder Angst überspielt. Deshalb sollte man ihn nutzen, um angeborene Reflexe in die vom Menschen gewünschten umzuwandeln. Dies geschieht bekanntlich auch bei der Dressur anderer Tierarten mit Erfolg. Die gefüllte Haferschwinge, das Stück Zucker oder Brot nach einer vom Pferd geforderten schwierigen, weil unnatürlichen Handlung als Belohnung anzubieten, ist eine der vielen Möglichkeiten. Das Überwinden von Hemmungen oder Zögern nur allein durch Zeigen oder auch durch Verabreichen begehrter Futtermittel gehört ebenfalls zu den Methoden, heikle Aufgaben mit den Pferd konfliktlos und effektiv zu lösen. Auch die Kontaktaufnahme und -pflege zwischen Mensch und Pferd geht »durch den Magen«. Für den Reiter oder Fahrer ist es naheliegend, immer etwas Freßbares in der Tasche zu haben. Auch vom Sattel aus läßt sich nach einer besonderen Leistung oder auch aus reiner Freundschaft eine Möhre oder ein Leckerli in das Pferdemaul schieben und wird als Belohnung anerkannt.

Infolge der großen Intensität des Nahrungstriebes muß dafür gesorgt werden, daß bei Pferden keine gefährliche Rivalität entsteht. Krippenlängen, Tränkmöglichkeiten, Weideflächen usw. sind ausreichend zu bemessen. Die Rangfolge ist besonders bei der Stallfütterung zu beachten. Es ist sinnlos, ein drängelndes, also ranghöheres Pferd mit dem Futter warten zu lassen in der Annahme, es zum Warten zu erziehen oder zu der Einsicht, daß es »später« drankommt. Die Verwirklichung der einmal erstrittenen und damit festgelegten Rangfolge durch Drängen, Stoßen und Drücken ist zwischen Pferden beim Fressen und Saufen wie auch beim Paarungsverhalten üblich. Hinsichtlich Aggressivität und Stärke sind solche Streitigkeiten auf die Artgenossen eingestellt und entsprechend heftig. Zwischen »futterneidische« Pferde zu geraten, ist für den Menschen lebensgefährlich, auch wenn es kleine Tiere sind. Stände, Weiden, Laufställe, Ausläufe usw. sollten deshalb nie von Unbefugten betreten und entsprechend gesichert sowie ausgeschildert werden.

Infolge des beim Pferd ausgeprägten Zeitsinns, der mit bestimmten Vorstellungen wie Füttern, Heimkehr zum Stall, Aus- und Eintrieb, Trainingsbeginn und -ende verbunden ist, ergibt sich auch sein Empfinden für die Futterzeiten mit den entsprechenden physiologischen Konsequenzen, wie Speichelfluß, Beginn und Ende der sonstigen Verdauungstätigkeit. Deshalb ist die Regelmäßigkeit der Fütterung, der Stallarbeit, möglichst auch des Trainings, also das Einhalten bestimmter Ordnungen, notwendig. Unplanmäßigkeit bewirkt Unruhe im Stall und in der Pferdegruppe. Sie ist Quelle für Körperschäden, Leistungsabfall, Wachstumsstörungen und wirkt als negativer Streß.

Abb. 33: Shetlandponystute Eveline aus einer niederländischen Zucht im Gestüt Zöthen Kr. Jena (Foto: J. E. FLADE, 1973).

Im Zusammenhang mit dem Nahrungstrieb ist das Knabbern an fester Nahrung, an Koppelpfählen, Holz, Stalleinrichtungen und anderem zu sehen, wobei hierbei der stark wirksame Spiel- und Nachahmungstrieb der Pferde zu berücksichtigen ist.

Das Nahrungsaufnahmeverhalten ist beim Pferd offensichtlich grundsätzlich nach vorwärts gerichtet. Außerdem macht das Zurücktreten dem Pferd anatomisch erhebliche Schwierigkeiten. Das muß beim Anbinden oder beim Anlegen von Fußfesseln berücksichtigt werden: Angeseilte Pferde wickeln sich um einen Baum oder Pfahl auf, können aber nicht wieder zurückfinden.

Abb. 34: Alles wird gefressen und verwertet (Foto: J. E. FLADE).

7.2.3 Lernvermögen und Gedächtnis

Beim Menschen wird das Verhalten in hohem Maße als Ergebnis eigenen Denkens und durch bewußtes Handeln gesteuert, bei Tieren durch angeborene und durch Erfahrung ergänzte Programme (FLADE 1994/1995).

So lernt das Pferd nicht aktiv, sondern ihm wird etwas eingeprägt, es sammelt Erfahrungen, die wiederum Voraussetzung für seine erfolgreiche Nutzung im Interesse des Menschen sind, wenn sie durch uns richtig vermittelt oder verwertet werden.

Das Lernvermögen des Pferdes ist, gemessen an anderen Säugetierarten wie Hunden, Delphinen oder Affen, nur mäßig. Allerdings ist die Lernveranlagung von Pferd zu Pferd individuell sehr unterschiedlich, sogar noch mehr als zwischen den verschiedenen Pferderassen. Das erfordert ein vollständiges Eingehen auf die Eigenart des Einzeltieres, wenn ein optimaler Lerneffekt erzielt werden soll. Bedacht werden muß, daß für eine bestimmte Leistungsanforderung, wie zum Beispiel eine Dressurklasse, die notwendige Lernveranlagung vorhanden sein muß, wenn man mit einem zumutbarem Zeit- und Arbeitsaufwand ein solches Ziel erreichen will. Es gibt auch Pferde, die nicht zu bestimmten Leistungen gebracht werden können, auch wenn ihre körperlichen Möglichkeiten entsprechende Voraussetzungen bieten. Unter Berücksichtigung der Verständigungsmöglichkeiten, die das Pferd aus seinem Verhaltensmuster heraus entwickeln kann, sind folgende Prinzipien des Lernens bzw. Lehrens anzuwenden:

- Herauslösen unerwünschter Verhaltensweisen aus dem angeborenen Muster und Festigung erwünschter Qualitäten im angeborenen Verhaltensmuster des Pferdes und

- Einprägen erwünschter Verhaltensweisen durch Erfahrungen, die das Pferd im Umgang mit dem Menschen und seiner Umwelt macht. Dazu gehören zum Beispiel das Ausführen bestimmter Bewegungen und Lektionen oder das sichere Verhalten im Straßenverkehr.

Infolge der differenzierten und spezialisierten Erinnerungsfähigkeit des Pferdes müssen ihm die Erfahrungen, zum Beispiel für die Technik des Reitens, in ganz kurzen Abständen mit ständiger Wiederholung bei gleicher Qualität (wie zum Beispiel hinsichtlich der Dosierung der Hilfengebung sowie ihrer Zuordnung zu bestimmten Körperstellen; der Unterschenkel muß also »immer auf dieselbe Stelle« vermittelt werden. Das ist auch eine der wesentlichen Ursachen für die hohen qualitativen Forderungen an Sitz und Einwirkung des Reiters im Reitsport oder auch an das allgemeine fachliche Können derjenigen, die mit dem Pferd umgehen, es pflegen, aufziehen und ausbilden.

Die Gedächtnisleistung des Pferdes ist der Fähigkeit seines Gehirns gleichzusetzen, bestimmte Informationen für eine gewisse Dauer zu speichern. Sie hängt unmittelbar mit dem Lernvermögen zusammen. Für das Pferd lassen sich unter anderem folgende Eigenarten nennen:

- Das Erinnerungsvermögen für Erlerntes hält zum Teil über Jahre an, ist jedoch sehr spezialisiert und fast immer an einen tiefen Eindruck auf andere Sinnesorgane, besonders auf den Geruchssinn, Gehör- und Tastsinn, gebunden.

- Das optisch-motorische Gedächtnis ist mit einem sehr guten Erinnerungsvermögen an einen Ort verbunden, an dem ein bestimmtes, tief wirksames Erlebnis eingetreten war, so etwa Meideverhalten an einer

Stelle, an der »einmal etwas passiert ist«. Deshalb scheut das Pferd in unbekanntem Gelände weniger als in der bekannten Umgebung.

- Das Zeitgedächtnis ist an die Regelmäßigkeit bestimmter Arbeitsgänge im Umfeld des Pferdes gebunden, vor allem an Fütterung, Arbeitsbeginn und -ende sowie an die Stallruhe. Die psychologischen Wirkungen, wie der schon erwähnte Speichelfluß, oder die turbulente Vorfreude auf das Morgenfutter, beginnen schon etwa zehn Minuten vor der »eintrainierten« Uhrzeit, die »biologische Uhr« des Pferdes geht also in diesem Falle zehn Minuten vor.

- Das Ortsgedächtnis des Pferdes, auf welchem das sichere Zurechtfinden in der bekannten Umgebung, aber auch sein Heimfindevermögen beruhen, hängt vor allem vom Geruchssinn ab und ist in der Regel sehr gut ausgeprägt. Selbst blinde Pferde finden ihren Stall und dort ihre Boxe. Problematisch ist allerdings, daß der Trieb zum vertrauten Stall, in welchem das Pferd immer Futter und Ruhe gefunden hat, besonders dann groß ist, wenn es sich fürchtet: Es läuft sogar in den brennenden Stall zurück, wenn man es nicht mit Gewalt daran hindert.

- Das akustische Gedächtnis funktioniert gut. Noch nach Jahren erkennt ein Pferd einen ihm vertrauten Menschen an der Stimme, merkt sich Kommandos und auch seinen Namen (zweisilbige Worte bevorzugt), allerdings nur bei häufiger Wiederholung.

- Das olfaktorische Gedächtnis ist beim Pferd besonders hervorragend. Noch nach vielen Jahren erkennt das Pferd einen bestimmten Menschen, mit dem es tief verwurzelte gute oder auch schlechte Erlebnisse verbindet, an seinem spezifischen Körpergeruch. Ebenso erinnert es sich an das heimatliche Geruchsniveau oder den Stall und bestimmte Gegenstände.

Berücksichtigt werden müssen auch folgende Besonderheiten: Das Pferd hat, wie fast alle Säugetierarten, ein sehr schlechtes Kurzzeitgedächtnis, wahrscheinlich höchstens fünf bis zehn Sekunden. Letzteres hat physikalische Grundlagen und dient der Auslösung von Schnellreaktionen wie Flucht und Verteidigung. Deshalb müssen Loben oder Tadeln bestimmter Handlungen sofort erfolgen, da sich das Pferd an die Zusammenhänge (Ursache und Wirkung) nur innerhalb dieser wenigen Sekunden erinnert. Macht der Mensch hierbei Fehler, führen sie zu schwerwiegenden Erziehungs- und Ausbildungsmängeln und bedeuten oft Tierquälerei. Sie können eine weitere Qualifizierung des Pferde völlig ausschließen.

Abb. 35: Fahrunterricht für Kinder und Jugendliche kann auch zur – dankbaren – Aufgabe des Halters von Shetlandponys gehören, hier mit U. ESCHER und Stute Jamaica von Bairawies (Pb), geb. 1983; Z.: M. L. HEUCK/ Bairawies; B.: Shetlandgestüt ESCHER/ L.-Echterdingen (Foto: D. ESCHER/ L.-Echterdingen, 1999).

Das isolierte optische Gedächtnis des Pferdes ist sehr schlecht. Dazu zählt auch, daß es sich nur kurze Zeit und kaum an Personen erinnert, trotzdem es diese »schon einmal gesehen« hat. Den Menschen als Lebewesen erkennt es nur an seiner Gesamtgestalt, nicht an einzelnen Körperteilen. Es kann also unser Gesicht nicht als Unterscheidungsmerkmal wahrnehmen. Die Bewegung der Gesichtsmuskulatur, also die Mimik, sieht es ganz aus der Nähe gut, kann aber die Erinnerung an die jeweilige Person nur über den Geruchssinn und begrenzt über die Stimme herstellen.

Lern- und Erinnerungsvermögen des Pferdes spielen bei den Mutter-Kind-Beziehungen eine besondere Rolle, ebenso bei der Prägung des Fohlens auf seine Mutter, welche die Bindung von der ersten Lebensminute zwischen beiden sichert. Die hormonal gesteuerte, angeborene Phase des Pflegeverhaltens dauert etwa drei bis sechs Tage. Vom siebenten bis zum zehnten Lebenstag wird die Pflegebereitschaft der Mutter nach und nach allein durch den sich ständig wiederholenden Kontakt mit dem Fohlen aufrecht erhalten. Beim Übergang zwischen der »hormonalen« und der »kontaktbezogenen« Pflegephase ist das Pflegeverhalten besonders streßanfällig. Die Stute verhält sich in dieser Zeit meist besonders ablehnend gegenüber den Mitgliedern ihrer Herde, gegen Artfremde, vielfach auch gegenüber ihrem Pfleger. Auch die Fohlen der Nachbarstuten vertreibt sie. Sie schiebt sich zwischen Mensch und Fohlen, auch zwischen die Sonne oder eine andere Lichtquelle und das Fohlen. So bewahrt sie ihr Kind innerhalb der ersten sieben bis zehn Lebenstage vor Prägungsstörungen. Bei mutterloser Aufzucht wird das Fohlen in dieser kritischen Periode auf die Ersatzmutter, so auf den Pfleger, der es mit der Flasche aufzieht, geprägt. Schwierig wird es, wenn die Stute während der kritischen Periode stirbt und zuvor schon bestimmte Prägungseffekte auf sie eingetreten sind. Die Ersatzmutter wird dann meist nicht anerkannt und das Fohlen ist nur mit Mühe am Leben zu erhalten, wobei es die normale Wachstumsnorm kaum erreicht.

Der Mutter-Kind-Kontakt wird zunächst durch das erwähnte olfaktorische Gedächtnis der Mutter, später dazu akustisch und optisch gesichert. Etwa ab dem zwölften Tag besteht für sie die Notwendigkeit des individuellen Erkennens, da sich ihr Fohlen vorher nicht von ihr entfernt. Trotzdem überprüft die Stute mit der Nase das Fohlen auch dann, wenn sie es visuell wahrgenommen hat. Bis zu sieben Wochen alte Fohlen, die ihre Mutter aus dem Gesichtskreis verloren haben, erkennen in einem Abstand von über 20 Metern ihre Mutter noch nicht visuell, sondern laufen erst nach Lautäußerung und Beantwortung ihres Rufes durch die Mutter in Richtung dieses akustischen Signals. Ab der zweiten Lebenswoche antworten die Fohlen sicher auf den Ruf ihrer Mutter, sind also akustisch auf sie geprägt. Dieser Effekt verliert sich nach dem Absetzen des Fohlens oder bei erneuter Trächtigkeit der Mutter meist schnell. Bis dahin bleibt aber die Bindung fest erhalten, auch wenn eine Trennung über einen bestimmten Zeitraum erfolgt, beispielsweise durch die tägliche Arbeit. Sinngemäß bezieht sich das auch auf die Ersatzmutter. Auch erinnert sich das Fohlen noch nach Jahren an seine Mutter oder Ersatzmutter. Grundlage dafür ist das vorzügliche olfaktorische Gedächtnis, das gerade in diesem Fall mit tiefen Eindrücken verbunden ist.

7.2.4 Gruppenbezogenes Verhalten

Diese Verhaltensweisen führen zu gemeinsamen Handlungen von Pferden durch Stimmungsübertragung, welche nicht mit Nachahmung gleichzusetzen ist. Scheut zum Beispiel ein Tier, so kann das ganze Gespann durchgehen, erschrickt ein Pferd in der Herde oder in einer Reitabteilung, macht es einen Luftsprung, so »explodiert« die ganze

Gruppe. Furcht oder Erschrecken eines einzelnen Pferdes kann die ganze Herde in Panik versetzen. Stimmungsübertragung ist auch Ursache dafür, daß sich die Gruppe niederlegt, wälzt, aufsteht oder wiehert, wenn ein Einzeltier erst einmal damit anfängt. Das kann soweit gehen, daß die weiblichen Gruppenmitglieder im Stall das echte Brunstverhalten einer Stute übernehmen, auch dann, wenn dafür keine physiologischen Voraussetzungen vorliegen, sie selbst also nicht rossig sind. Auch die meist durch Langeweile entstehenden Stalluntugenden wie Koppen, Weben und Kettenrasseln übertragen sich bekanntlich auf andere Pferde. Andererseits regt Stimmungsübertragung zum gemeinsamen Fressen und Saufen an oder zum Gehen im gleichen Rhythmus und Takt (Zweispänner, Mehrspänner, Reiterpaare). Bekannt ist, daß bei gemeinsam trainierten Pferden die Rennleistungen höher sind, wenn sie gemeinsam laufen statt allein oder mit fremden Pferden. Auch Jagdpferde »pullen« in der Abteilung des eigenen Stalles heftiger als in fremden Feldern.

Abb. 36: Auch Shetlandponys zeigen Langeweile oder Müdigkeit durch Gähnen an: Stute Mira vom Sternlesberg (Pb), geb. 1994, Z. u. B.: Shetlandgestüt Escher/ L.-Echterdingen (Foto: A. Eicke/ Musberg, 1999).

Das gruppenbezogene Verhalten ist mit dem angeborenen Zwang zum Aufbau einer Rangordnung verbunden. Ihre Gestaltung ergibt sich vorwiegend auf der Grundlage des Alters und des Körpergewichtes des Pferdes als Mitglied seiner Gruppe. Dabei wird das Gewicht mit Kraft, das Alter mit entsprechender Erfahrung gewertet, wobei anscheinend letzteres für die Rangfolge bestimmender als die Körperkraft ist.

Eine bereits bestehende Rangfolge bleibt bei Pferden über lange Zeit erhalten. Als Mitglied der Gruppe behält das einzelne Tier seine Stellung über mehrere Monate auch bei Unterbrechungen und erkennt sie an. Bei Stuten ist das besonders ausgeprägt und, je nach Kastrationszeitpunkt,

auch bei Wallachen. Die Rangfolge gilt vor allem für die Nahrungsaufnahme, das Geschlechtsverhalten sowie den Futter- und Liegeplatz im
Laufstall. Das ranghöchste Tier säuft, frißt und (wenn es ein Hengst ist)
deckt zuerst.

Während des Aufbaus einer Rangfolge innerhalb der Gruppe oder der
Störung einer vorhandenen durch neu hinzukommende Pferde ist deren
Unverträglichkeit am größten. Damit besteht auch erhöhte Verletzungs-
und Unfallgefahr. Anfang und Ende einer bestehenden Rangordnung sind
am stabilsten.

Besonders bei Fohlen sollten Umstellungen und Erweiterungen bestehen-
der Gruppen vermieden werden. Wenn Neuzugänge unumgänglich sind,
sollten die Pferde hinsichtlich Alter und Entwicklungsstand (= Gewicht)
annähernd denen der Herde entsprechen.

Bei der Stallfütterung verteidigt ein Pferd in der Regel seinen Freßplatz
nur so lange, wie es Futter aufnimmt. Hat es das Maul voll, läßt es sich
aus der Krippe oder vom Tränkeimer auch durch rangniedere Tiere (auch
durch den Menschen) wegdrängen. Ist das Maul leer, gibt es jedoch sofort
wieder Ärger. Es sind also genügend große Krippenlängen und Flächen
zur Futteraufnahme, besonders aber gute Tränkmöglichkeiten zu
schaffen, damit eine gleichmäßige Futter- und Wasseraufnahme für jedes
Gruppenmitglied möglich ist. Nur so sind individueller Wachstumsverlauf, Futterzustand, Streßfreiheit und Unterbinden von Unfällen
optimal zu sichern.

Gestrafte Pferde fühlen sich im Moment der Strafe rangniedriger als der
sie strafende Mensch. Deshalb drängen sie rückwärts, fliehen oder wehren
sich, wenn eine Flucht unmöglich ist (Steigen, Schlagen, Pressen usw.).
Über solche eventuelle Folgen muß man sich im klaren sein.

Für die Reitausbildung ist unter anderem noch anzumerken: Ranghohe
Pferde gehen nicht gern am Schluß einer Abteilung. Da diese Verhaltensweise angeboren ist, kann sie nur durch systematische Arbeit, nicht aber
mit Gewalt verändert werden.

7.2.5 Soziale Lebensweise

Der Trieb der Pferde zum Zusammenhalt (= Herdentrieb) ist sehr stark, da
er die entscheidende Schutzfunktion für das Einzeltier darstellt, das im
Wildstand auf die Dauer nur innerhalb seiner Herde überleben könnte.
Diese wiederum fordert eine Eingliederung ihrer Mitglieder durch die
Rangordnung und vermittelt dem einzelnen Pferd ein festes Heimatgefühl.

Im Rahmen der Herde sammelt das Fohlen in den ersten Lebenswochen durch seine Mutter wesentliche Erfahrungen und fügt sich so in die Gruppe ein. Im Gegensatz zum Bullen ist der Hengst daran nicht beteiligt. Auch ist die Verträglichkeit der Stuten untereinander schlechter als beispielsweise die der Kühe. Auffallend sind oft bestehende Abneigungen gegen bestimmte »fremde« Fohlen, besonders junge, aber auch gegen Artgenossen oder Artfremde, die bis zur offenen Feindseligkeit gehen können.

Die Herde schützt die Ruhe des einzelnen Mitgliedes, sorgt aber zugleich für Geselligkeit, die sich in gegenseitiger, »sozialer« Hauptpflege, Bewegungsspielen (Bewegung fördert Futteraufnahme und damit das Wachstum, »das Fohlen spielt sich groß«) und gemeinsamer Wasser- und Futteraufnahme zeigt. Häufig ist der Herdentrieb des Pferdes schon durch eine Gruppengröße von nur zwei Tieren abzudecken. Solche zweiseitigen Pferdefreundschaften sollten deshalb möglichst geachtet und erhalten werden, denn sie wirken streßmindernd und daher gesundheits- und leistungsfördernd.

Abb. 37: Pferde suchen stets Kontakte zu Artgenossen, nehmen aber auch gern andere Haustiere – und den Menschen – in ihre Gesellschaft auf, hier einen »Harzer Fuchs« im Gestüt ESCHER/ L.-Echterdingen. (Foto: A. EICKE/ Musberg, 1999).

Mit seiner Sozialmotivation ist auch die Neigung des Pferdes zu anderen Lebewesen zu begründen, die es in seinen Lebenskreis einbezieht, also als Artgenossen ansieht und behandelt. Das geschieht vornehmlich dann, wenn ihm Beziehungen zur eigenen Art nicht oder nur schwer möglich sind. Das Pferd baut zu diesen Lebewesen soziale Beziehungen auf, die zu festen Bindungen führen können. Bevorzugt werden dabei Tiere, die ebenfalls solche Verbindungen anstreben, wie Ziegen, Schafe oder Hunde. Solche Partnerschaften sind genau so zu behandeln, wie Freundschaften von Pferden untereinander, denn sie decken den Herdentrieb des Einzeltieres ab. Deshalb wirken sie eben auch stark streßmindernd. Wie weit das gehen kann, wird aus England im 18. Jahrhundert vom Bischof von Meath, Dr. PLUNKET, berichtet (BROWN 1831): »Ein Herr hatte ein weißes Pony, das zu einem kleinen Hund, seinem ständigen Begleiter, eine große Zuneigung besaß. Als das Pferd einst spazieren geritten wurde, fiel ein großer Hund über den kleinen her, worauf das Pony dem letzteren zu Hilfe kam, und den Friedenstörer mit den Vorderfüßen in die Flucht trieb.«

Die Beziehungen des Pferdes zum Menschen kommen ebenso zustande, indem das Pferd auch ihn als Artgenossen akzeptiert, in seinen Lebenskreis einbezieht und von sich aus Bindungen zu ihm eingehen will. Dabei können nur die ihm angeborenen Verhaltensweisen sowie die Erfahrungen mit dem Menschen zum Tragen kommen. Das Pferd handelt dabei nicht bewußt. Es »verpferdlicht« (Vertierlichung = Zoomorphismus) den Menschen, übrigens mit allen Konsequenzen, so daß es auch mit seinen Maßstäben physisch und psychisch handelt. Hierin liegt auch das Risiko bei sorglosem und damit ungeeignetem Umgang mit dem Pferd. Wenn der Mensch Beziehungen zum Pferd sucht, dann muß er alle diesbezüglichen Überlegungen aus der Sicht und dem Vermögen des Pferdes anstellen, sich also »verpferdlichen« und entsprechend handeln. Andersherum geht es nicht: Die »Vermenschlichung« (Anthropomorphismus) des Pferdes würde bedeuten, ihm menschliche Eigenschaften, Verhaltensoder sogar Denkweisen zuzuordnen, zu deren Verwirklichung es jedoch, wie andere Tierarten auch, keinerlei Möglichkeiten hat. Bei der Suche des Menschen nach Beziehungen zum Pferd kommt noch hinzu, daß er sich zwangsläufig vollständig auf das »Pferdeniveau« einstellen muß, weil er nur dann als Herdenmitglied, als Artgenosse, angenommen werden kann. Im Gegensatz dazu stehen beispielsweise unsere Beziehungen zu einer Reihe anderer Tierarten, wie Hund oder Katze: Beide können aus ihrem Verhaltensmuster her den Menschen so akzeptieren, wie er ist, auch wenn er sich nicht »verhundelt« oder »vermiezelt«.

Das Streben des Pferdes nach Anschluß an Artgenossen oder andere Lebewesen drückt sich unter anderem wie folgt aus:

• Suchen körperlicher Berührung mit einem vertrauten Wesen, auch zartes Fassen der Haupt mit Lippen und Zähnen,

• leises, gedämpftes Wiehern bei bevorstehender Begegnung,

• Flucht zu vertrauten Wesen, Objekten und Revieren bei Furcht,

• Annähern an gefährlich erscheinende Objekte gemeinsam mit vertrauten Wesen,

- Nachlaufen hinter vertrauten Wesen, Umspringen vertrauter Wesen.

- Für den Menschen bedeuten diese Verhaltensweisen insbesondere:

- Möglichst häufige Nutzung des Körperkontaktes und der Stimme zur Kommunikation,

- Putzen und »Streicheleinheiten«, auch als Ausgleich für die »soziale Hautpflege« der Pferde untereinander,

- überlegter Umgang, keine Aggression und Hektik, nichts »Unpferdliches«,

- unbedingte Zurückhaltung, angepaßt an die große Sensibilität des Pferdes, Vermittlung des Sicherheitsgefühls der Herde oder des Artgenossen.

Abb. 38: Soziale Fellpflege ist zugleich auch ein Stabilisierungsfaktor für den Zusammenhalt: links: Stute Ida vom Sternlesberg (Pb), geb. 1999; Z. u. B.: Shetlandgestüt ESCHER/ L.-Echterdingen. rechts: Stute Ibiza, geb. 1999, Z.: H. MOHL/ Bietigheim; B.: Shetlandgestüt ESCHER/ L.-Echterdingen (Foto: A. EICKE/ Musberg, 1999).

7.3   Wichtige Sinnesleistungen

Die Sinnesleistungen dienen grundsätzlich der Erhaltung der Art und sind beim Pferd Ergebnis seiner langen Entwicklung (FLADE 1991, FLADE 1994/1995). Sie sorgen unter anderem für:

• seine Orientierung im Revier und im Raum,

• seine Erinnerungsfähigkeit und damit für

• seine Sicherheit und seinen Schutz, auch im Rahmen der Herde.

Infolge der intensiven und raschen Erregbarkeit seines Nervensystems sowie der spezifischen Leistungen seiner Sinnesorgane ist das Pferd sehr empfindsam. Auch hier gibt es eine große Individualität, die bei der Haltung allgemein sowie bei der Aufzucht und Nutzung besonders zu berücksichtigen ist, wenn man zu guten Ergebnissen kommen und dabei den Bedürfnissen des Tieres entsprechen will. Infolge der Besonderheiten der Sinnesleistungen beim Pferd können menschliche Maßstäbe auch hier nicht angelegt werden. Generallinie muß sein, seiner ausgeprägten Sensibilität durch behutsamen, geduldigen, zugleich aber auch konsequenten Umgang zu entsprechen.

7.3.1 Geruchs- und Geschmackssinn

Neben dem Tastsinn ist er der älteste Sinn, der sich während der Evolution im Tierreich herausgebildet hat. Er dient ganz allgemein der Befriedigung des Erkundungstriebes, der eine wesentliche Schutzfunktion hat, im einzelnen der:

• Kontaktaufnahme,

• Kontaktsicherung und

• Kontaktpflege.

Damit ist er das wichtigste Sinnesorgan des Pferdes für Aufnahme und Festigung der Beziehungen auch zum Menschen. Er ist äußerst sensibel ausgebildet und die Grundlage für lang anhaltende Erinnerungen an Vorgänge oder Personen, die mit einem bestimmten Geruch verbunden waren oder sind. Bei Hauspferden kann dieser Sinn durch ständige Gewöhnung verflacht oder für bestimmte Gerüche ganz ermüdet sein, beispielsweise für Blutgeruch bei Metzgereipferden.

Das Pferd verhält sich ablehnend gegenüber ihm unangenehmen Gerüchen wie die der eigenen Exkremente, Blutgeruch, Gerüchen bestimmter anderer, meist unbekannter Tierarten oder Schweißgeruch des (fremden) Menschen. Das zwingt zum Sauberhalten von Liegeflächen, Boxen, Fütterungseinrichtungen, gilt für die Arbeit des Tierarztes, für Verladung, Transport und den Aufenthalt in fremden Bereichen (Personen, Wasseraufnahme, Futtermittel) und vieles andere.

Die Witterungsfähigkeit für Wasser, für den Geruch bestimmter Objekte (Stall, Tiere, bestimmte Menschen usw.) kann viele Kilometer überbrücken. Das Pferd ortet unterirdische Quellen oder auch, bei totaler Finsternis, Baue von Nagetieren und tritt in letztere nicht hinein (deshalb unter solchen Umständen dem Pferd im Gelände genügend Zügelfreiheit lassen). Völlig blinde Pferde finden ihren Stall oder ihren Stallplatz – nur mit der Nase.

Das Pferd unterscheidet Menschen voneinander nach ihrem speziellen Geruch (in der Medien-Werbung »Duft« genannt) und hat dafür ein sehr gutes Gedächtnis. Seine Kontaktaufnahme wird deshalb durch gründliches Beriechenlassen der geruchsspezifischen Körperstellen, wie der offenen Hand, der Achselhöhle und vor allem der Geschlechtsteile, durch zartes Blasen in die Nüstern sowie möglichst wenig »Personal«- und Kleidungswechsel begonnen, erneuert und gefestigt. Auch die Bevorzugung von Männern oder Frauen hat im feinen Geruchssinn unserer Pferde ihre Ursache, Kinder werden bis zur Geschlechtsreife kaum differenziert. Aus den je nach Erregungsstatus auch in seiner Intensität wechselnden Körpergeruch des Menschen kann das Pferd den aktuellen psychischen Zustand seines ihm bekannten Betreuers, Fahrers oder Reiters ableiten. Für ein Pferd liegt also das Herz des Menschen nicht auf der Zunge, sondern in seinen Schweißdrüsen. Die Volksweisheit, nach der sich der momentane Zustand des Reiters auf sein Pferd überträgt, ist sicher mit daraus zu begründen, wobei auch noch anatomisch-physiologische Ursachen zu nennen wären.

Ruhiges Informieren über furchterregende Gegenstände mit der Nase überzeugt das Pferd von deren Harmlosigkeit. Dank seines hochentwickelten Geruchs- und Geschmackssinns verweigert es unbekanntes, unzuträgliches Futter oder Wasser und weitgehend auch Giftstoffe. Da dieser Sinn aber verflachen kann, wie schon erwähnt wurde, funktioniert er nicht immer zuverlässig. Andererseits ist er aber trainierbar. So kann man Pferde an fremdes Wasser, besondere Futterstoffe wie Silage, Harnstoff, Strohpellets bis hin zu Trockenfisch, Wurstbrot und anderes gewöhnen. Diese Anpassung ist immer individuell, dauert oft längere Zeit und muß wie jeder generelle Futterwechsel unter strenger Beachtung der Verdauungsphysiologie allmählich und mit genauer Sachkenntnis vorgenommen werden.

Die genauere Prüfung unbekannter Gerüche geschieht durch das
»Flehmen«, also den Verschluß der Nüstern durch Einstülpen der
Oberlippe bei maximal nach vorn-oben gestrecktem Kopf und dadurch
Beförderung der Geruchsstoffe durch Lippen und Zunge direkt zum
Mundhöhlendach ins Jacobson'sche Organ. Dort wird die Geruchs-
empfindung, die für menschliche Vorstellungen schon im Normalfall
unvorstellbar fein ist, noch wesentlich verstärkt.

7.3.2 Gesichtssinn

Das Sehvermögen des Pferdes ist für seinen Schutz und für seine
Orientierung vielseitig ausgebildet und schneller als jede andere
Sinnesleistung wirksam. Verglichen mit einigen anderen Säugetierarten
hat das Pferd große Augen. Die Form seines Kopfes und die je nach Rasse,
Geschlecht und individueller Ausprägung unterschiedliche Lage seiner
Augen lassen gegenüber der Umgebung ein weites Blickfeld von
zusammen etwa 300 ° zu, das durch geringe seitliche Kopfbewegungen
zur totalen Rundsicht erweitert werden kann. So vermag das Pferd
Objekte wahrzunehmen, die sich hinter ihm oder seitlich von ihm
befinden. Für Reiter, Fahrer und Pfleger ergibt sich daraus, daß Pferde im
Gespann oder unter dem Sattel vor Gegenständen, die plötzlich hinter
ihnen auftauchen, zu fliehen versuchen, vor allem, wenn ihm diese
unbekannt sind. So muß sich das Pferd beispielsweise erst an überholende
Fahrzeuge gewöhnen, ebenso an seitliche Hand- oder Kleiderbewegungen
aus der Kutsche, an flatternde Kleidungsstücke des Reiters, aber auch an
die Fahr- und Longierpeitsche oder die Gerte.

Je seitlicher die Pferdeaugen liegen, desto mehr Ablenkung dorthin ist
gegeben. (Um das zu vermeiden, gab es schon frühzeitig Scheuklappen,
zum Beispiel bei Rennpferden schon im 18./19. Jahrhundert.) Je frontaler
die Pferde schauen können, desto mehr Konzentration nach vorn ist
möglich. Deshalb gelten Pferde mit solcher körperlichen Disposition auch
als »intelligenter«, was ihnen durch einen höheren Intelligenzquotienten
bescheinigt wird.

Das Pferd kann nicht räumlich sehen. Es hat daher Schwierigkeiten beim
Schätzen von Entfernungen, beispielsweise beim Taxieren der Tiefe eines
Hindernisses, und handelt diesbezüglich nach seinen Erfahrungen. Seine
vordere Blickzone ist infolge seiner Schädelform eingeengt, so daß es nur

durch Kopfbewegungen nach der Seite und eingeschränkt nach oben diese Zone erweitern kann. Deshalb darf der Reiter diesen Orientierungsbedarf in seinem eigenen Interesse nicht begrenzen.

Auf der Weide, im Wald und in der freien Wildbahn legt auch das Hauspferd seine Pfade im Zickzack an, da dadurch eine vollkommene Rundsicht möglich ist, so daß es die für den »Ernstfall« notwendigen Orientierungen nicht erst durch zeitraubende Kopf- und Körperbewegungen vornehmen muß.

Das Pferdeauge hat eine schlechte Akkommodation, also eine nur mangelhafte Fähigkeit, die Augenlinse auf die erforderliche Entfernung scharf einzustellen. Der Augenhintergrund ist, im Gegensatz zu dem beim Menschen, unregelmäßig gekrümmt. So ist das Pferd gezwungen, durch Heben oder Senken seines Kopfes die optimale Scharfeinstellung zu finden. Das gilt vor allem für den Sehnahbereich unter fünf Metern. Deswegen nehmen spärlich geschulte und wenig erfahrene Springpferde vor dem Absprung mit zunehmender Annäherung an die Absprungstelle den Kopf hoch, um ihr vorderes Blickfeld entsprechend anzupassen.

Bei genauer Kopfstellung können Bewegungen bis etwa 400 Meter noch als solche erkannt werden (= Frühwarnung), aber nur unscharf. Unter fünf Metern werden dagegen schon geringfügige Veränderungen, beispielsweise in der Mimik der Stallgefährten (Muskelanspannung vor den Ausschlagen, beginnende Veränderung der Ohrmuschelstellung, Maulwinkelung usw.), nach intensiven Kontakten und Dressurmaßnahmen auch am Menschen erkannt und aus der jeweilig vorhandenen Erfahrung gedeutet. Eingeschlossen sind Bewegungsamplituden von minimal etwa 0,2mm, die für zirzensische Vorstellungen wie »rechnende« oder »lesende« Pferde oder Gruppendressuren genutzt werden. Die Ursache für diese Spitzenleistung liegt in der »Stabsichtigkeit« des Pferdes. Infolge des unregelmäßig gekrümmten Augenhintergrundes werden die einfallenden Lichtstrahlen nicht in einem Punkt, sondern in Punktreihen gesammelt. Damit werden die Seheindrücke für Bewegungen verstärkt, wie vorstehend erwähnt besonders im Nahbereich. Die Empfindlichkeit für das Bewegungssehen erklärt auch solche Verhaltensweisen wie Bodenscheue, plötzliches seitliches Wegspringen, schnelles Durcheilen von Wegverengungen (Stalleingänge, schmale Brücken, enge Verkehrsräume), die vom Menschen zu beachten sind. Hier gibt es auch Möglichkeiten der Gewöhnung, die zum Bestandteil des täglichen Erziehungsprozesses gehören.

In der Dämmerung sind Sehstärke und -schärfe beim Pferd im Vergleich zu anderen Säugetieren hervorragend. Dafür sorgt ein fluoreszierender, zinkhaltiger Schirm im Augenhintergrund, der als Reflektor wirkt und die Wirkung der Lichtstrahlen auf das Sehzentrum verstärkt. Ein Pferd orientiert sich also in der Dunkelheit sehr sicher, ausgenommen in der totalen Finsternis, in der es sich nur auf seinen Geruchs- und begrenzt auch auf seinen Tastsinn verlassen kann.

Farben werden vom Pferd gesehen, aber der Bereich ist, gemessen an dem des Menschen, stark eingeengt. Es sieht die am Ende des Spektrums liegenden Farben blau und rot sehr schlecht oder gar nicht. Gelb wird am zuverlässigsten, Grün nicht ganz so sicher von anderen Farben unterschieden. Die sowieso geringe Sehschärfe verhält sich entsprechend und ist im Blau-Rot-Bereich gering, im Blau-Grau-Bereich kaum vorhanden. Es ist deshalb eine bedeutende Leistung, ein Pferd zu eindeutigen Reaktionen auf bestimmte Farben zu dressieren.

Die Blickrichtung des Pferdes ist mit der aufrechten Stellung seiner Ohrmuscheln gekoppelt. Trotz der großen Augen schaut es den Menschen nur an, wenn es zugleich seine Ohren spitzt. Da es aber infolge der Anatomie der Kopf-Genick-Hals-Zone nach vorn-unten blicken muß, sieht es in dieser »Normalstellung« bloß Objekte in dieser Richtung. Nur wenn man sich klein macht oder das Pferd eine hohe natürliche Aufrichtung hat, läßt sich direkt in seine Augen sehen und umgekehrt.

Es soll daran erinnert werden, daß sich das Pferd beim Unterscheiden zwischen verschiedenen Artgenossen, Tierarten und Menschen mit seinem Gesichtssinn nur an der Gesamtgestalt des Lebewesens, also an seiner Silhouette, nicht aber an Körperteilen orientiert. Vor unbekannten Tiergestalten kann es stark erschrecken, vor einzelnen Körperteilen, die es erblickt, kaum oder überhaupt nicht.

7.3.3 Gehörsinn

Das Gehör der Pferde ist ausgezeichnet entwickelt. Sie reagieren sehr intensiv auf Schallreize und beantworten diese mit bestimmten Verhaltensweisen. Die Benutzung der Stimme im Umgang mit dem Pferd ist deshalb immer sinnvoll und sorgt für einen ständigen Kontakt mit allen seinen Vorzügen. Durch lautes Sprechen und Lärm wird das Pferd gestreßt. In tiefem Bereich wirkt die menschliche Stimme beruhigend, noch mehr das tonlose Flüstern oder Wispern (= »groomy talk«). Das entspricht dem Frequenzbereich des Wieherns (hoch = erregend und erregt, tief = beruhigend und beruhigt).

Der Gehörsinn ist trainier- und auch ermüdbar. Pferde gewöhnen sich rasch an Geräusche, werden also gegenüber Verkehrslärm, Beifallsrauschen, Lautsprechern, auch Schnalzen und anderen Lauten schnell abgestumpft.

Der Erkundungstrieb zwingt das Pferd immer dazu, Ohrmuscheln und Kopf der Lärm- und Interessenquelle zuzuwenden. Ortet es diese nicht sicher, wird eine Ohrmuschel der anderen entgegengestellt. Besteht kein Interesse oder liegt das Ziel der Aufmerksamkeit hinter seinem Kopf (Einfluß von Reiter oder Fahrer), sind beide Ohrmuscheln nach rückwärts geöffnet. Das hat nichts mit dem »Anlegen« der Ohrmuscheln zu tun, die ein Zeichen höchsten Unbehagens und unmittelbar bevorstehender oder ablaufender Abwehrhandlungen sind. Besonders bedeutsam für das äußerliche Erkennen bestimmter Verhaltensweisen ist, daß auch dann Ohrmuscheln und Kopf einer Interessenquelle zugewandt werden, wenn von dieser keine Geräusche ausgehen. Die Stellung der Ohrmuscheln ist entscheidende Grundlage der Mimik des Pferdes. Auch Droh- und Unterlegenheitsgebärden sowie Desinteresse werden durch sie gekennzeichnet.

Für die Hinwendung des Kopfes mit gespitzten Ohren sind als nur einige Beispiele zu nennen: Verabreichung von Wasser oder Futter oder ihre Erwartung, Herangehen und Kontaktaufnahme (auch versuchte) mit Stallgefährten, anderen Tierarten oder mit dem Menschen, aber auch Fixieren des Hindernisses vor und während des Absprungs oder »Ansehen« der Landestelle aus der Position der Schwebe- und Landephase. Weiterhin gilt hier natürlich ganz allgemein das Anstarren unbekannter und deshalb gefährlich erscheinender Gegenstände.

Bei völliger Konzentration auf eine Aufgabe kann das Interesse des Pferdes an seiner Umwelt zurückgedrängt oder aufgehoben werden. Hat man bei einem Reit- oder Fahrpferd dieses Stadium erreicht, ist der Weg für eine momentane optimale Leistung frei. Äußerlich wird dies an Zurückdrehen der Ohrmuscheln in Richtung Reiter, Fahrer oder Voltigeur erkennbar, oftmals in Verbindung mit dem Entspannen der Muskeln, welche die Ohrmuscheln stabilisieren. Ihr Zurückdrehen erfolgt meist stufenlos und ist von der individuellen Erregbarkeit sowie der aktuellen Erregung des Pferdes abhängig.

Schallreize werden vom Pferd auch mit Motorik, also mit einer bestimmten Bewegungsfolge, vor allem aber mit taktmäßigem Eingehen auf die Rhythmik der Schallreize beantwortet. (Man denke an Schnalzen als »Hilfe«, wobei das Pferd jedoch davon schnell abstumpft, weswegen man es unterlassen sollte.)

Pferde haben deshalb auch eindeutige Zuneigung zur Musik, wobei sie offensichtlich bestimmte Rhythmen bevorzugen, die ihrem Takt- und Bewegungsvermögen entsprechen und auch nur in diesem Rahmen variiert werden können. Sie hören sie gern, gehen mit mehr Engagement, demzufolge mit mehr Schub und dem daraus folgenden Schwung, wobei sich auch der Reiter mit mehr Beschwingtheit seinem Pferd widmet. Hierbei ist daran zu denken, daß der Gehörsinn des Pferdes schnell abstumpft. Besonders die Lautstärke solcher Begleitmusik muß deshalb dieser Eigenschaft Rechnung tragen. An gut geleiteten Zirkus- und Schauorchestern kann man erkennen, wie wesentlich Musik zum Gelingen schwieriger Pferdedressuren beiträgt, und schon die Römer haben beschrieben, daß und wie sich Pferde durch Musik anlocken lassen.

Neben vielem anderen ist erwähnenswert, daß das Pferd nur ein geringes Interesse zu haben scheint, nach oben zu hören, zu sehen oder zu wittern. Möglicherweise kennt es aus Erfahrungen die anatomischen Hindernisse, die der Kopf-Genick-Hals-Bewegung in dieser Richtung im Wege stehen. In geschlossenen Räumen, beispielsweise in Reithallen, besteht jedoch – sehr individuell – die Tendenz dazu. In unklaren oder unvermittelt neuen Situationen (wenn der Mensch zum Beispiel auf die Futterkrippe tritt, um die Fenster zu öffnen) ängstigt sich das Pferd und versucht zu fliehen.

7.3.4 Tastsinn

Hier handelt es sich um einen besonders sensiblen Sinn des Pferdes. Haut, Muskeln, Haarwurzeln des Felles sowie der Tasthaare im Maulbereich empfinden die Berührung ganz stark, wenn auch mit individuellen Unterschieden und Differenzierungen zwischen den Rassen. Besonders sensibel sind die Vollblutrassen und die von ihnen beeinflußten Warmblutrassen. Sie besitzen eine sehr feine, dünne Haut und ein zartes Haarkleid. Als »Dickhäuter« gelten Kaltblutpferde und auch einige Kleinpferde- bzw. Ponyrassen, so auch das Shetlandpony. Aufgrund ihres speziellen Gewebeaufbaus kann man deren Tastsinn etwas mehr zumuten. Auf jeden Fall müssen Pferde stets vorsichtig und rücksichtsvoll behandelt werden. Das trifft natürlich für Fohlen und Jungpferde besonders zu, die sich erst nach und nach an das Anfassen (besonders Beine und Bauch), Putzen, später an das Drücken und Reiben von Geschirr- oder Sattelzeug gewöhnen müssen.

Die Haut als Sitz des Tastsinns enthält pro Quadratzentimeter etwa tausend Schweißdrüsen sowie fünfhundert Nervenendigungen, die verschieden verteilt sind. Sie bindet rund ein Drittel der Blutmenge und ist auch am chemischen Stoffwechsel intensiv beteiligt. Eine ihrer zahlreichen physikalischen Funktionen bestehen unter anderem in der Anpassung an Temperaturschwankungen. (Zum Beispiel ermöglicht der Panniculus-Muskel das Zittern und damit das Erwärmen des Körpers.) Der Tastsinn ist, wie bei anderen Säugetieren und besonders ausgeprägt beim Menschen (= kein Fell), passiv. Eine Ablenkung durch andere Interessen ist daher nur schwer möglich. Damit läßt sich, nicht etwa nur beim Pferd, die positive und komplexe psychologische Wirksamkeit von »Streicheleinheiten« auf das körperliche Wohlbefinden, die Erinnerung daran und das ständig wiederkehrende Bedürfnis danach gut erklären. Alles andere (Unruhe, negativer Streß, Angst, beim Menschen auch der »Verstand«, usw.) tritt weit dahinter zurück oder wird überdeckt, so daß Entspannung und Erholung die Folgen sind.

Der Tastsinn dient dem Pferd unter anderem zu Kontaktaufnahme, besonders aber zu Kontaktsicherung und Kontaktpflege. Er entscheidet damit wesentlich über Sympathien und Antipathien. Damit ist er, ähnlich wie der Geruchssinn, für die Schaffung der Beziehungen zwischen Pferd und Mensch besonders ausschlaggebend.

Negativ empfunden werden beispielsweise:

- allgemein grobe mechanische Einwirkungen auf die Haut,
- grobe Einwirkungen auf besonders empfindliche Hautbereiche, wie beispielsweise das Maul und seine Umgebung, den Bereich der Schenkellage sowie die Sattel- und Geschirrlage,
- ständige mechanische Einwirkungen auf die Haut oder bestimmte Flächen, zum Beispiel durch übermäßig langes, weil unsystematisches Putzen,
- extreme physikalische oder chemische Einwirkungen auf die Haut.

Positive Empfindungen werden unter anderem ausgelöst durch:

- Aufnahme und Erhalt des Mutter-Kind-Kontaktes,
- jede Art von einfühlsamen Körperkontakt, wie Berührungen (Achtung: Pferde können an bestimmten Stellen krabblig sein!) und Streicheleinheiten; je häufiger, desto vertrauter und wirksamer.

Wenn der Mensch den Kontakt zum Pferd nicht sucht, um es zu pflegen, wird das Pferd infolge der Passivität seines Tastsinns zu ihm kommen wollen, denn es kann ihn durch die Sprache dazu nicht auffordern. Wer diese Kontaktsuche zurückweist, begeht einen entscheidenden Fehler: Er verhindert die Erfüllung der Zuneigung seines Pferdes, was schließlich dauerhaft sein und damit den entscheidenden Verlust der Freude und Erholung durch den Umgang mit einem Tier bringen kann. Das Pferd erwidert Körperkontakt sehr gern und »pferdlich«. Man denke beispielsweise an die »soziale Hautpflege« mit den blauen Folgen für das eigene Hinterteil. Das läßt sich aber durch Vorsicht, manchmal auch durch entsprechende Erziehung vermeiden.

Der Tastsinn ist an bestimmten Stellen besonders fein. So findet das Pferd mit den Lippen kleinste Fremdkörper aus dem ihm angebotenen Futter heraus, wobei sein hervorragender Geruchssinn die Suche unterstützt. Deshalb kommt es in der Prasxis der Pferdehaltung, im Gegensatz zum Beispiel zum Rind, nie zu Erkrankungen durch Aufnahme von Fremdkörpern.

Durch ständige Reizung schwächt sich der Tastsinn ab, wenn auch nur langsam. Bis zu einem gewissen Grade kann sich das Pferd an Hautreizungen gewöhnen, wobei die großen individuellen und rassenbedingten Unterschiede bedacht werden müssen. Im Gegensatz zum Gehörsinn ist der Tastsinn nicht völlig abzustumpfen.

Die Gestaltung von Einwirkungen und Hilfen durch Reiter und Fahrer ist auf den Tastsinn des Pferdes in besonderer Weise anzupassen und grundsätzlich nur sehr zurückhaltend vorzunehmen. Das bezieht sich vor allem auf die Schenkelhilfen, die Zügel-, Leinen- und Gertenführung sowie auf das Benutzen der Fahr- und Longierpeitsche. Nur so kann die Reizschwelle des Tastsinns niedrig gehalten oder herabgesetzt werden und das Pferd für Details und Nuancen der Hilfengebung, wie sie vor allem in mittleren und höheren Klassen des Pferdesports unerläßlich sind, empfänglich bleiben. Deshalb dürfen »klopfende Schenkel« oder Sporen an »unruhigen Schenkeln« nicht geduldet werden.

Insgesamt ergibt sich also: So ablehnend das Pferd infolge seines empfindlichen Tastsinns auf grobe und plötzliche Einwirkungen reagiert, so positiv wirken sich Liebkosungen, Streicheln oder Klopfen mit der Hand aus, dabei unterscheidet das Pferd feinste Unterschiede und »weiß genau, wie es gemeint ist«. Unter diesen Gesichtspunkten ist der Tastsinn zum Aufbau und Erhalt unserer Beziehungen zum Pferd sowie im Umgang und bei der Arbeit mit ihm unter Beachtung seiner spezifischen Verhaltensweisen besonders sorgfältig einzugehen.

7.3.5 Gleichgewichtssinn

Er liegt im inneren und mittleren Ohr sowie in den großen Stirnhöhlen des Pferdes. Ihm unterliegen eine Reihe von Kontrollfunktionen, von denen einige auch für den Menschen wissenswert sind.

So regelt er unter anderem:

- Körperbewegungen und Fußfolge,
- Händigkeit,
- Gleichgewicht in der Bewegung,
- Gleichgewicht und Stellung im Raum,
- Verhältnis zum Boden (beispielsweise beim Sprung oder im Wasser)
- und vermittelt das Erkennen von Vibrationen von geringster Intensität. So registrieren Perde Schritte oder geringfügige Erderschütterungen, weswegen sie sich meist rechtzeitig vor Erdrutschen in Sicherheit bringen oder vor Erdbeben ihren Stall verlassen. Noch heute wird das Verhalten von Pferden vor Erdbeben in Asien als Vorwarnung eingestuft. In allen Haushalten der erdbebengefährdeten Zonen Chinas hängt das entsprechende Merkblatt.

Der Gleichgewichtssinn ist sehr stabil. Nur mehrjährige, regelmäßige, methodisch konsequente Einwirkungen, wie beim Abbau der »natürlichen Schiefe«, also der Händigkeit des Pferdes durch den Reiter, können ihn verändern.

7.4   Ruhe und Schlaf

Die notwendige Ruhedauer beträgt beim erwachsenen Hauspferd etwa sieben Stunden, kann aber unterschiedlich toleriert werden. Das hängt auch vom Anteil des tatsächlichen Schlafes an der Ruhezeit ab. Für ranghohe und Leittiere, die der Streßwirkung besonders ausgesetzt sind, ist eine Verkürzung der Ruhe- und Schlafdauer nachweisbar. Mit zunehmendem Alter und der damit verbundenen höheren Stellung in der Herdenhierarchie tritt eindeutig eine Verkürzung der Schlafphase (Hauptmaximum) zugunsten andere Funktionen wie Bewegung oder Nahrungsaufnahme ein.

Abb. 39: Die Systematik des Niederlegens und Aufstehens beim Pferd muß man unbedingt kennen, damit man notfalls helfen kann: Shetlandponystute Karin, geb. 1998; Z.: H. MOHL/ Bietigheim; B.: Shetlandgestüt ESCHER/ L.-Echterdingen (Foto: A. EICKE/ Musberg, 1999).

Der Pferdehalter muß beachten, daß bereits das Aufsuchen des Schlafplatzes den psychischen Ruhezustand seines Pferdes einleitet. Dazu wählt es eine geeignete Stelle in der Box, im Auslauf oder auf der Weide, die entsprechend seinem Suchverhalten regelmäßig aufgesucht wird. Auch durch den Menschen ist dieser Bereich zu achten, um negative psychologische Auswirkungen auf das Pferd zu vermeiden.

Es gibt verschiedene Ruhe- und Schlafstellungen, die für die Erholung der Pferde notwendig und für den Pferdehalter wissenswert sind (FLADE & GLEß 1992). Dazu gehören die eingerollte Bauchlage, Bauch-Seitenlage, gestreckte Seitenlage, aber auch die Kauerlage, meist mit aufgestütztem Maul, sowie das Stehen, das aus anatomischen Gründen mit einer ständig wechselnden Belastung der Hinterbeine verbunden ist.

Die Ruhelagen der Säugetiere entsprechen weitgehend ihrer phylogenetischen Entwicklung. Deshalb ist die Hauptlage für Ruhe und Schlaf auch beim Pferd von derjenigen im Embryonalzustand bestimmt und durch angewinkelte Gliedmaßen markiert. Kennzeichnend bis zum Alter von etwa eineinhalb Jahren ist die eingerollte Bauch- sowie die Bauch-Seitenlage, die deshalb auch infantile Ruhestellung genannt wird. Mit fortschreitender Jugendentwicklung des Fohlens wird sie in die für das erwachsene Pferd typische Normallage umgebildet und ist etwa nach dem vierten Jahr kaum noch zu beobachten. Kauer- und gestreckte Seitenlage sowie das Stehen sind als Ruhe- und Schlafstellungen für die gesamte Lebenszeit bezeichnend. Ganz selten ist das »Ruhesitzen« (Achtung: Diese kann eventuell auch zur Schmerzlinderung bei einer Kolik erfolgen).

Wissenswert ist, daß sich Pferde nach einem festen Zeremoniell hinlegen und erheben, wie es übrigens auch bei anderen Huftierarten der Fall ist (HASSENBERG 1971). Das Hinlegen erfolgt nach vorhergehenden Scharr- und Drehbewegungen bei zugleich beginnendem abwechselnden Einknicken der Vorderbeine und anschließendem Fallenlassen des Körpers. Dabei richtet das Pferd den Kopf nach dem Liegeplatz. Die Scharr- und Drehbewegungen lassen sich als Bedürfnis nach einer zweckmäßigen Vorbereitung der Liegemulde deuten und sind fester Bestandteil des Rituals. Das Aufstehen beginnt mit dem einzelnen Herausstrecken der Vorderbeine und dem Nachsetzen sowie Aufrichten der Hinterhand. Sehr strapazierten oder älteren Pferden bereitet das Fallenlassen meist mehr oder weniger große Schmerzen, auch das anstrengende Aufstehen kostet sie besondere Mühe. So ziehen sie das Stehen als Ruhe- und Schlafstellung dem Liegen vor. Der Pferdehalter muß die Details vor allem des Aufstehens kennen, um sein Tier eventuell bei Unfällen, Ausrutschen, Festliegen oder auch bei Krankheiten richtig unterstützen zu können.

Abb. 40: Schlafendes 14tägiges Mini-Shetlandpony-Fohlen vom Originaltyp auf dem Gestüt »Silbersee« in Aurich (Foto: S. de GROOT).

7.5   Körperausscheidungen

Auch an die Körperausscheidungen des Hauspferdes sind bestimmte Signalfunktionen gekoppelt, die typische Verhaltensweisen auslösen. Diese dienen dazu, Harn und Kot vom eigenen Körper fernzuhalten. Lager und Futterstelle sollen also sauber bleiben.

Kot wird auf der Weide vorwiegend dort abgesetzt, wo sich kein oder nur geringwertiges Futter, zum Beispiel überwiegend Obergras, befindet. Das führt zu den »Geilstellen«, die das Pferd geruchsbedingt so lange meidet, bis der Kot völlig humifiziert und damit auch dessen Geruch verschwunden ist. Das kann viele Jahre dauern.

Dieses angeborene »Hygieneverhalten« des Pferdes ist bei der Stallhaltung zu berücksichtigen, um sein Wohlbefinden zu sichern, besonders aber auch zur Vermeidung von Parasitenbefall und Fäulnis. Deren Erreger schädigen Tier und Mensch durch Bildung von spezifischen Gasen, wie Ammoniak, Schwefelwasserstoff und Kohlendioxyd. Diese Stoffe sind gleichzeitig Lockstoffe für bestimmte Insekten und unterstützen zum Beispiel die Massenvermehrung der pferdequälenden Großen Stubenfliege und des Wadenstechers. Mit Fäulnisgasen belastete Stalluft greift die Atmungsorgane an. Besonders auf die großen »Luftverbraucher«, wie Reit- und Rennpferde, wirkt sie sich schwer und dauerhaft schädigend aus, aber auch die kleineren Pferderassen, wie die Shetlandponys, leiden aufgrund ihrer größeren Stoffwechselaktivität sehr darunter. Ruhe und Schlaf werden gestört, da vor allem die bodennahen Schichten die höchste Konzentration der Schadgase aufweisen, die schwerer als Luft sind. Sie geben den Geruch der eigenen (= arteigenen) Ausscheidungen am stärksten ab; vor diesem »ekeln« sich die Pferde am meisten und versuchen, ihn zu meiden. Deshalb ist im Stall auf das Frisch- und Sauberhalten der Einstreu und eine regelmäßige Entlüftung zu achten. Letztere kommt häufig zu kurz, weil es dem Pfleger angeblich zu kalt ist. Dabei werden aber nicht nur die lebenserhaltenden Interessen des Pferdes mißachtet, sondern auch die Anfälligkeit des Menschen gegenüber belastetem Stallklima.

Zum Urinieren sucht das Pferd ebenfalls eine bestimmte Stelle auf. Prüfendes Wittern, Scharren, Einnehmen der Streck-Spreiz-Stellung mit Anheben des Schweifes, die charakteristische Stellung der Ohrmuscheln gehören unter anderem dazu. Mit dem Absetzen des Urins erfolgt eine Information vor allem über Ort, Zeit, Mutter-Kind- oder Sexualpartner-Beziehungen. Durch Hormonbeigaben wird als besondere Signalfunktion der eigene Sexualstatus übermittelt.

Ähnliches gilt auch für das Koten. Durch die schon genannte lange Lagerfähigkeit von Fäkalien wird neben dem Geruchseffekt auch eine bestimmte optische Komponente wirksam, wenn auch nur nebensächlich. Auch hier sind Signalfunktionen wirksam, die durch Nasenkontrolle Auskunft über die Situation des Sexualpartners geben. Der Hengst nimmt beispielsweise die Kotkontrolle bei einer Stute vor, überschreitet dann die Kotstelle und markiert mit dem eigen Kot.

Wie unter anderem auch beim Menschen fordern Lust- und Angstgefühl beim Pferd vegetativ Harnen und Misten, so beim Mustern auf der Dreiecksbahn und im Stand, beim Einreiten zur Dressur- oder Springprüfung, beim »Halten und Grüßen« (Ursachen sind Nervosität, Spannung, Furcht usw.). Das Verbinden der Augen führt über denselben psychosomatischen Weg zur Erhöhung der Darmtätigkeit, kann also zum Beispiel eine Verstopfungskolik auflösen, was erfahrene Pferdezüchter schon seit langem wissen. Frische Einstreu löst die Urinabgabe aus – man erinnere sich an die diesbezügliche Lust des Babys an der frischen Windel und deren Folgen.

7.6 Fortpflanzungsverhalten

Das allgemeine Fortpflanzungsverhalten des Pferdes ist von zahlreichen inneren und äußeren Wirkungsfaktoren abhängig, von denen hier nur einige genannt werden können.

Es gilt: Je höher die Entwicklung des Großhirnes einer Säugetierart ist, desto größer ist dessen Einfluß auf das Fortpflanzungsverhalten. Damit geht auch die Empfindsamkeit des Tieres gegenüber Einflüssen auf dieses höherentwickelte Nervensystem einher. Streßwirkungen, ob positiv oder negativ, beziehen sich zum Beispiel direkt auf das endokrine, damit also auf das hormonelle System. Da das Pferd zu den höheren Säugetieren gehört, muß auch diesbezüglich mit seiner großen Sensibilität, die ja seinen Status insgesamt betrifft, gerechnet werden. Qualitative Unterschiede in der Intensität seines Fortpflanzungsverhaltens sind weitgehend erblich bedingt.

Das Paarungsverhalten ist nicht von vornherein entwickelt, sondern stellt einen Reifungsvorgang dar. Mit der altersbedingten Erfahrung verbessert sich unter anderem die Decktechnik des Hengstes. Deshalb werden seine versierten Geschlechtsgenossen auch als sogenannte »Probierhengste« verwendet. Bekannt ist auch, daß die Intensität der Decklust mit steigendem Inzuchtgrad sinkt, was als eine mögliche natürliche Schutzmaßnahme aufgefaßt werden kann.

Normales Fortpflanzungsverhalten setzt Kontakte mit Artgenossen voraus. Wie schon erwähnt wurde, ist hierbei die Rangfolge als ein weiteres Regulierungselement anzusehen. Wer oben steht, frißt und säuft nicht nur bevorzugt, er deckt auch zuerst oder versucht es wenigstens. Hengste haben ein äußerst intensives Paarungsverhalten. Sie orientieren sich dabei am Sexualgeruch der Stute (Geschlechtsteile, Kot, Harn) aus dem sie den aktuellen Stand, also den Ovulationsstatus, entnehmen und damit den günstigsten Zeitpunkt der Bedeckung. Der dabei typischen Intensivierung der Geruchsprüfung dient das schon beschriebene »Flehmen«.

Zum Fortpflanzungsverhalten der Hengste gehören, wie auch bei anderen Säugetierarten, die Rivalenkämpfe. Sie werden schon im Fohlenalter spielerisch geübt, auch von Stutfohlen (= bisexuelle Verhaltensweise beim Pferd). In freier Wildbahn können sie zu schweren Verletzungen oder zum Tode führen (VOLF 1996). Auch Hauspferdehengste sind untereinander meist unverträglich. Die Ausprägung dieser Eigenschaft ist allerdings zum Teil erziehungs- und rassebedingt, weiterhin klimaabhängig. Kämpfende Hengste trennen zu wollen, ist für den Menschen generell lebensgefährlich, auch bei Shetlandponys. Hengste, die noch nicht gedeckt haben, vor allem Junghengste, kann man noch aneinander gewöhnen Zuchthengste sind in der Regel jedoch getrennt zu halten, aber möglichst so, daß sie sich sehen und beschnuppern können. In berittenen Gruppen müssen die notwendigen Abstände, auch seitlich, gewahrt werden und im Gespann ist dafür zu sorgen, daß Hengste beim Halt nicht zusammengeraten. Daher sind Shetlandponyhengste auch keine Kinderreitpferde!

Mit für Säugetiere einmaliger Intensität und Heftigkeit vollzieht der Hengst die eigentliche Paarung, wobei die Shetlandponys besonders aktiv sind. Aber Stute und Hengst betreiben das Vorspiel gleichermaßen. Es schafft die richtige Paarungsstimmung und hat direkten Einfluß auf die von der sexuellen Erregung der Partner abhängigen physiologischen Vorgänge. Auch bei dem »Sprung aus der Hand« ist es deshalb unbedingt notwendig, auf die Erotisierung und psychische Resonanz der Stute schonend und fördernd einzugehen. Hier sei darauf verwiesen, daß auch bei ihr der Orgasmus ausgelöst werden sollte, um optimale psychische Reaktionen und möglicherweise auch mehr Chancen für die Befruchtung zu erreichen. Es ist Tatsache, daß durch eine erfolgte Paarung die Rossedauer der Stute verkürzt wird. Ihre zugeordneten Hormonreserven nehmen mit der Nähe der Endhandlung, also der Erfüllung des Fortpflanzungstriebes, ab. Ist ihr Vorrat erschöpft, ist der Paarungstrieb erfüllt, die Rosse zu Ende.

Abb. 41: Was hier nur wie harmloses Beschnuppern aussieht, ist gegenseitige Drohgebärde. Wenn keiner freiwillig das Feld räumt, kommt es zum Kampf. (Foto: M. BÜDENBENDER, 2000).

Abb. 42: Der Schimmelhengst Mac Marty (rechts) und der Junghengst Rudy v. d. Langenbach legen auf einer ausschließlichen Hengstweide die Rangordnung fest. (Foto: M. BÜDENBENDER, 2000).

Die sexuelle Erregung der Stute ist weitgehend von der des Hengstes abhängig. Selbst während eines hohen Erregungszustandes werden aber ihre anderen Lebensfunktionen, zum Beispiel die Nahrungsaufnahme, kaum unterdrückt. Deshalb ist die Beeinflussung ihres Paarungsverhaltens durch äußere Einflüsse kaum möglich. Aber die erwähnten Verhaltensprogramme für »Furcht/Selbstschutz« und »Fortpflanzung« können sich überlagern, so daß eventuell das Fortpflanzungsverhalten der Stute blockiert und das Fluchtverhalten freigegeben wird oder umgekehrt. Das bedeutet, daß solche Stuten auch bei Hochrosse nicht »stehen«. Wissenswert ist auch, daß die Brunststarre (wie angewurzelt Stehenbleiben) bei bestimmten Stuten nicht beim Aufsprung des Hengstes eintritt, sondern erst, wenn dessen Penis den Scheideneingang passiert hat.

Stuten, die nicht rossen, wehren den Hengst durch Schlagen und Beißen ab. Das kann auch bei Erstlingsstuten und bei Fohlenstuten, die ihr Fohlen vermissen, aus Unsicherheit geschehen. Die Brunst kann eventuell mit äußerlich kaum erkennbaren Merkmalen als »Stille Rosse« auftreten.

Vor der ersten Bedeckung ist unbedingt die volle Zuchtreife abzuwarten. Zu frühe Bedeckungen führen nicht nur zu Wachstumsschäden bei der Stute und möglichen Fehlentwicklungen ihres Fohlens, sondern auch dazu, daß die noch nicht ausgereiften Tiere zeitlebens eine mangelnde Paarungsbereitschaft aufweisen, denn sie wurden zu einem Zeitpunkt gedeckt, zu welchem sie die Sexualfunktionen (sensible und sensomotorische) noch nicht entfalten konnten.

Das Deckverhalten des Hengstes kann selektiv sein. Bestimmte Stuten werden dann bevorzugt oder abgelehnt. Gründe sind unter anderem eine bestimmte Farbe und der an sie gebundener spezifischer Geruch, individueller Geruch der Partnerin oder auch Vorbehandlung der Stute mit Mitteln, die dem Hengst unbekannt sind und die er ablehnt. Er stellt keine Ansprüche an die einzelnen Körperformen der Stute, also nicht »Du bist so schön«, sondern »Du duftest so gut«.

Die sexuelle Erregung des Hengstes ist, im Gegensatz zu der bei der Stute, durch äußere Einflüsse leicht hemmbar, überspielt jedoch andere Lebensäußerungen und Verhaltensweisen meist völlig, wie beispielsweise die Vorsicht, aber auch die durch den Menschen erfolgte Erziehung. Unter dem wiederholten Eindruck derselben Geschlechtspartner stumpfen Interesse und Erregbarkeit des Hengstes schnell ab. Deshalb sind monogame Tendenzen bei Pferden ganz selten.

Die Paarung dauert einschließlich Stoßbewegung, Orgasmus und Ejakulation etwa eine Minute. Der Aufsprung des Hengstes erfolgt unmittelbar hinter der Stute und kann sehr temperamentvoll sein. Er umfaßt die Stute meist möglichst weit vorn zwischen Schultern und Rippenwölbung. Eventuell beißt er zum Festhalten und während seines Orgasmus in deren Mähnenkamm oder auch in den Widerrist (eine vorhersehbare Gewohnheit), stützt jedoch häufiger den Kopf oder auch nur das Maul auf die Schulter (bei Rechtshändern ist es die linke) der Stute. Deren oben genannte Bewegungshemmung kann sich bei starkem Paarungstrieb in ein Stemmen gegen den aufspringenden Hengst umwandeln. Die damit verbundene Senkung ihrer Kruppe bietet ihm eine besonders gute Deckposition. Das gilt auch für das langsame Vorziehen der Stute. Wenn sie sich selbst überlassen ist, krümmt sie den Rücken und senkt den Kopf tief. Der Hengst wird dadurch zu besonderer Aktivität und kräftigem Nachstoßen veranlaßt.

Während des Sprungs zeigen besonders Erstlings- und junge Stuten die typische Unterlegenheitsgebärde: Die Ohrmuscheln sind seitwärts gestellt, die Muschelöffnung nach unten gekehrt, das Maul leicht geöffnet bzw. mit mahlenden Kaubewegungen.

Nach der Paarung sind Stute und Hengst, wenn sie »dürfen«, meist noch eine Zeitlang beieinander. Dabei kann es noch zu einem Nachspiel kommen, das je nach Aktivität der Partner und der bestehenden Erholungszeit (= Refraktärzeit) des Hengstes wieder in ein Paarungsvorspiel übergehen kann.

7.7 Regelmäßige Wiederkehr bestimmter Verhaltensweisen

Bestimmte Verhaltensweisen treten bei allen Tierarten zum Beispiel täglich regelmäßig auf und lassen sich in einen 24-Stunden-Rhythmus einordnen. Sie sind artspezifisch. Man unterscheidet innerhalb der Tierart, also auch beim Pferd, zwischen:

- artspezifischem Rhythmusverlauf, der typisch normal ist,
- artspezifischem Rhythmusverlauf bei nicht normalem Zustand des Tieres, zum Beispiel infolge veränderten Hormonspiegels in der Brunst- oder Laktationszeit und
- atypischem Rhythmusverlauf infolge negativer Streßeinwirkung, gekennzeichnet durch verlagerte Periodik und veränderte Phasendauer.

Das Pferd reagiert auf Nervenbelastungen und diesbezügliche Status-
veränderungen unterschiedlich, aber allgemein sehr empfindlich, wie
schon begründet worden ist. Reizzustände führen deshalb meist zur
Verschiebung der typisch normalen Verhaltensweise. Diese Streßanfällig-
keit ist individuell, alters- und rangfolgeabhängig und sicher auch durch
Training bedingt beeinflußbar, wobei auch die Zugehörigkeit zu einer
bestimmten Rasse noch eine Rolle spielt. Besonders die Zeitabschnitte der
Nahrungsaufnahme und des Schlafens sind störanfällig.

Das typische Hauptmaximum der Nahrungsaufnahme liegt etwa zwei
Stunden vor Sonnenuntergang bei einer Gesamtaktivität von etwa zwölf
Stunden. Die Nebenmaxima sind individuell verschieden und trainierbar,
konzentrieren sich aber auf die Zeit zwischen etwa fünf und neun Uhr.
Streßeinwirkungen können diese Periodik völlig aufheben und sind
negativ zu bewerten. Bei aus betrieblichen Gründen notwendigen Verschiebungen gegenüber fest eingewöhnten Zeiten, zum Beispiel Arbeits-
zeitveränderungen oder Zeitumstellungen, sind deshalb Gewöhnungs-
zeiten von mindestens drei Wochen notwendig.

Das typische Hauptmaximum für Ruhe und Schlaf liegt etwa vier Stunden
vor Sonnenaufgang. Die Schlafperiodik des Einzeltieres ist gruppen-
abhängig, da sich hier, wie auch etwa bei der Nahrungsaufnahme, die
Stimmungsübertragung entscheidend auswirkt. Sie richtet sich zudem
wahrscheinlich nach dem ranghöchsten Pferd. Es gibt individuelle, kleine
Nebenmaxima, die sich über die Tagesstunden zwischen acht und 20 Uhr
verteilen, aber wenig Bedeutung haben. Bei der praktischen Beurteilung
der jeweiligen Situation darf hier Ruhen nicht mit Schlafen verwechselt
werden.

Negativer Streß führt zu einem atypischen Verlauf der Schlafphasen,
verkürzt das Hauptmaximum und kann bei Wiederholungen eine Störung
sämtlicher Körperfunktionen zur Folge haben, wie es ja auch zum Beispiel
beim Menschen der Fall ist. Zu den Ursachen gehören zeitliche Eingriffe
in die Stallordnung, ständige Beunruhigung der Pferde im Stall oder auf
der Weide und das Nichteinhalten von Trainings- und anderen
Arbeitszeiten. Bei Vorhaben wie Transporten, Mehrtageswanderungen,
Wettkampfteilnahme usw. ist der gewohnte Schlafrhythmus der Tiere
unbedingt zu berücksichtigen, wenn man sie bei Gesundheit und damit
voller Leistungsfähigkeit erhalten will. Von Bedeutung ist auch hier, daß
die Anwesenheit des ranghöchsten Pferdes streßmindernd auf die übrigen
Gruppenmitglieder zu wirken scheint. Daß auch der Mensch diese Rolle
einnehmen kann, ist von größter Bedeutung und sollte von ihm sachlich
richtig genutzt werden.

8 Die Leistungen des Shetlandponys

Die besonders robuste Konstitution, Härte und Anspruchslosigkeit machen das Shetlandpony zu einem im Verhältnis zu seiner Größe sehr leistungsfähigen Nutztier. Das bezieht sich sowohl auf die normale tägliche Leistung als auch auf eine zeitlich begrenzte Höchstleistung. Auch die früher üblichen Anforderungen an das Befördern großer Traglasten sind dafür ein Nachweis. So legte ein Shetlandpony von etwa 100 cm Widerristhöhe und einer Traglast von fünf Stone (= 32 kg) am 14. September 1784 die gut 70 km lange Strecke zwischen Norwich und Yarmouth in drei Stunden und 45 Minuten zurück, was einem Durchschnitt von etwa 18,5 Kilometern pro Stunde entspricht. Es wird auch berichtet (BROWN 1831), daß ein Shetlandpony von 95 cm Widerristhöhe (Bandmaß!) einen Mann von 76 kg Gewicht an einem Tag 64 km weit trug.

Abb. 43: Shetlandpony im Tandem, Marshwood Shetland Pony Stud. (Foto: Photonews Brighton).

Bei den Angaben in den Tabellen über die Leistungen wurde der Begriff des Zugwiderstandes (ZW) verwendet. Diese Größe gibt die Kraft in kg an, die zur Bewältigung einer Last von Seiten des Zugtiers aufgewendet werden muß. Umgerechnet auf das tatsächlich beförderte Gewicht muß für ein kg ZW mit etwa 20 bis 25 kg tatsächlicher Last, befördert auf einem eisenbereiften Wagen (Gleitlager) auf festem Feldweg einschließlich dessen Eigengewicht, gerechnet werden. Auf glatter Straße und mit gummibereiftem Wagen auf Rollenlager erhöhen sich diese Werte entsprechend.

Als Beispiel für die Feldarbeit sei angegeben, daß eine drei Meter breite Saategge oder eine unbelastete Ackerschleppe von 1,8 m Arbeitsbreite rund 85 bis 90 kg ZW aufweisen. Dieser Wert entspricht etwa der Dauerleistungsfähigkeit eines Kaltblutpferds von 750 kg Gewicht.

8.1 Schrittleistungen

Die Arbeitsgeschwindigkeit ist weitgehend abhängig von der Schrittleistung, die sich aus der Häufigkeit und der Länge des Schrittes ergibt. In der Pferdezucht wird grundsätzlich eine große Schrittlänge angestrebt und züchterisch verbessert. Die Schrittlänge und die Schrittgeschwindigkeit sind unmittelbar von der Gangart (Schritt, Trab, Galopp) abhängig. Das Shetlandpony neigt besonders zum Trab und zeigt in dieser Gangart eine große Unermüdlichkeit. Es wird deshalb auch gern zu leichten, raschen Transportarbeiten aller Art verwendet, bei denen es sich durch die dabei gezeigte große Arbeitsgeschwindigkeit rationell einsetzen läßt.

Eine Tabelle gibt über die dabei herrschenden Verhältnisse Auskunft, die Angaben beziehen sich auf hohe Anforderungen.

Im eiligen Schritt ergibt sich bei normaler Last eine Schrittlänge von rund einen Meter, im Mitteltrab bei der gleichen Last, die infolge der höheren PS-Leistung (Kraft in der Zeiteinheit) als verdoppelt gilt, eine Schrittlänge von 1,65 m im Durchschnitt. Eine Zunahme der Geschwindigkeit folgt aus einer Verminderung der Zahl der Schritte (Schrittfrequenz) bei gleichzeitiger Erhöhung der Schrittlänge.

Das Maximum an Geschwindigkeit bei der gelaufenen Gangart ergibt sich aus einer Begrenzung der Schrittzahl. Wird diese Grenze durch Antreiben des Ponys überschritten, so fällt es in die nächst höhere Gangart, beispielsweise vom Trab in den Galopp. Beim Wegfall einer Last ergeben sich sehr hohe Werte für die Schrittlänge im Trab, die durchweg über zwei Metern liegen.

Tab. 27: Schrittleistung beim Shetlandpony; Doppelschritt. (J. E. FLADE).

Strecke in m	Zugwiderstand in kg	Gangart	Doppelschritte je 100 m	Schrittlänge in m
400	25 (normal)	Schritt, eilig	95,4	1,05
400	50 (verdoppelt)	Schritt, eilig	97,4	1,03
1000	25 (verdoppelt)	Trab, mittel	62,6	1,60
2000	25 (verdoppelt)	Trab, mittel	60,0	1,66
5000	ohne Last	Trab, stark	45,5	2,19

Tab. 28: Ganggeschwindigkeit bei Shetlandponys. (J. E. FLADE).

Strecke in m	Zugwiderstand in kg	Gangart	m/min	m/s	min/km	km/h
400	25 (normal)	Schritt, eilig	78	1,30	12,9	4,9
400	50 (verdoppelt)	Schritt, eilig	76	1,27	13,1	4,6
1000	25 (verdoppelt)	Trab, mittel	179	2,98	5,6	10,7
2000	25 (verdoppelt)	Trab, mittel	166	2,76	6,0	9,9
5000	ohne Last	Trab, stark	234	3,90	4,3	14,0

Tab. 29: Höchste Dauerleistung bei Shetlandponys. (J. E. FLADE).

je kg Lebend-gewicht Zug-widerstand in kg	Geschwindigkeit		Gangart	PS bei	
	m/s	km/h		175 kg	200 kg
				Lebendgewicht je Pony	
0,250	1,27	4,6	Schritt, eilig	0,7	0,80
0,100	2,55	9,2	Trab, normal	0,6	0,70
0,080	2,81	10,1	Trab, mittel	0,5	0,60
0,055	3,20	11,5	Trab, mittel	0,4	0,45
0,025	3,61	13,0	Trab, stark	0,2	0,25

Tab. 30: Normale Leistungen bei Shetlandponys. (J. E. FLADE).

Zugwider-stand in kg	Last in kg	Schrittgeschwindigkeit		Nutzleistung in PS bei	
		m/s (Gangart)	km/h	175 kg	200 kg
				Lebendgewicht je Pony	
30	600-750	1,0 (normaler Schritt)	3,6	0,35	0,40
12	240-300	2,6 (normaler Trab)	9,4	0,35	0,41
10	200-250	3,0 (Mitteltrab)	10,8	0,35	0,40

Die Ganggeschwindigkeit des Shetlandponys ist für alle von ihm geforderten Arbeiten günstig. Im Schritt werden im Verhältnis zum Großpferd nur geringfügig kleinere absolute Leistungen erzielt, da die Schritthäufigkeit (Schrittfrequenz) relativ groß ist. Im Trab beträgt die Geschwindigkeit etwa zwei Drittel des Tempos des Warmblutpferdes. Diese Tatsache entspricht dem Größenverhältnis von Shetlandpony und Großpferd, das sich wie folgt darstellt:

* Großpferd: 160 cm Widerristhöhe = 100% = drei Drittel,

* Shetlandpony: 106 cm Widerristhöhe = 66% = zwei Drittel.

Da die Schrittlänge mechanisch durch die Längen und auch durch die Winkelverhältnisse von Schulter, Oberarm, Unterarm, Vorderfuß/ Hinterfuß bei allen Pferderassen bestimmt wird, müssen sich zwangsläufig die entsprechenden Änderungen bei der Schrittlänge in voller Abhängigkeit vom Rahmenmaß (Länge, Höhe usw.) ergeben.

Abb. 44: Die vielseitige Verwendung des Shetlandponys und damit zugleich seine Lernfähigkeit läßt sich auf Turnieren sehr gut nachweisen und macht sowohl den Aktiven als auch den Zuschauern viel Freude, hier bei einer Schulquadrille auf dem Boxberg bei Gotha. (Foto: I. WIESENHÜTTER/ Eisenberg, 1996).

Eine Tabelle enthält die Geschwindigkeitsangaben für Shetlandponys von durchschnittlich 105 cm Widerristhöhe bei übernormalen Anforderungen. Es ergeben sich für den Schritt Werte von rund 4,75 Kilometern pro Stunde und beim Trab mit verdoppelter Leistung von rund 10,3 Kilometern pro Stunde. Das Maximum der Trabgeschwindigkeit scheint beim Shetlandpony dieser Größenklasse bei 14 Kilometern pro Stunde zu liegen. Dieser Wert wurde in zahlreichen Versuchen über große Strecken ermittelt, bei denen das Shetlandpony als Handpferd neben einem gerittenen Warmblutpferd lief. Eine weitere Tempoerhöhung hatte ein Angaloppieren des Ponys zur Folge.

Die als normal anzusehende Geschwindigkeit liegt für das Shetlandpony:

- im normalen Schritt bei 3,6 Kilometern pro Stunde und
- im normalen Trab bei 9,4 Kilometern pro Stunde,

jeweils unter der Berücksichtigung normaler Nutzleistung.

Im Turniersport liegen die maximalen Schritt- und Trabgeschwindigkeiten höher, was sich besonders beim Fahren auswirkt.

8.2   Zugleistungen

Ein sehr großer Vorzug des Shetlandponys ist neben seiner im Verhältnis zum Gewicht hohen Dauerzugleistung seine erhebliche Überlastbarkeit, die auf größeren Strecken bis 250 %, kurzzeitig 500 % und mehr betragen kann.

Die Ursachen dieser Fähigkeit dürften außer in dem stabilen Organsystem vor allem in der Art des Zugstils bei Shetlandponys begründet liegen. Das Shetlandpony drückt infolge seines geringen Gewichts sich selbst mit der anhängenden Last durch die Kraft der Hinterbeine

Tab. 31: Nutzleistung absolut, bezogen auf das Gewicht. (J. E. FLADE).

Rasse	Gewicht in kg	Nutzleistung im Schritt (normale Dauerleistung) in PS
Kaltblut	750	1,20
Warmblut	600	1,10
Shetlandpony	200	0,40
Shetlandpony	175	0,35

vorwärts und bildet durch die dadurch bedingte Kreuzbeinsenkung mit den Zugsträngen eine nahezu parallele Linie (Rückenlinie – Zugstrangrichtung), die sich bei der Brechung des Zugwiderstands sehr günstig auswirkt.

Tab. 32: Nutzleistung relativ, bezogen auf das Gewicht. (J. E. FLADE).

Rasse	Lebendgewicht		Zugwiderstand		Nutzleistung (PS)
	in kg	in %	in kg	in %	in %, bezogen auf das Gewicht
Kaltblutpferd	750	100,0	80	100,0	100,0
Shetlandpony	200	26,0	30	37,5	140,0
Shetlandpony	175	23,0	26	32,5	140,0

Tab. 33: Reaktion der Atmungsorgane beim Shetlandpony auf die körperliche Leistung; Ø Lebendgewicht 200 kg je Tier. (J. E. FLADE).

Zahl der Atemzüge je min	im Schritt		im Trab		
	400m 25 kg ZW	400m 50 kg ZW	1000m 25 kg ZW	2000m 25 kg ZW	5000m ohne Last
I. Vor der Prüfung:	21,8	21,8	22,0	19,5	20,5
II. Nach der Prüfung:					
a) sofort	25,8	35,5	87,5	121,0	63,1
b) nach 1 min	22,3	27,0	79,8	106,5	49,4
c) nach 2 min	–	26,0	67,6	82,9	38,8
d) nach 5 min	–	24,3	59,0	74,0	30,9
e) nach 10 min	–	–	42,6	48,7	24,6
f) nach 15 min	–	–	38,8	30,5	22,7
g) nach 25 min	–	–	26,6	26,5	–
Vollkommene Beruhigung nach:	1 min	7 min	35 min	45 min	20 min
Geforderte Geschwindigkeit während der Prüfung in m/s:	1,30	1,27	2,98	2,76	3,90
Geforderte Nutzleistung während der Prüfung in PS:	0,4 = 100%	0,9 = 200%	1,0 = 250%	0,9 = 225%	–

Im Gegensatz dazu verlegt zum Beispiel das Kaltblutpferd beim Anzug sein ganzes Gewicht durch eine Senkung der Vorhand nach vorn und ins Geschirr. Dem Praktiker ist bekannt, wie oft die Pferde dann bei Glätte oder zu schwerer Last auf die Vorderfußwurzelgelenke fallen. Das ist beim Shetlandpony nicht der Fall.

Die höchsten Dauerleistungen für Shetlandponys sind in einer Tabelle angegeben. Sie wurden für die Zeit von acht Stunden ermittelt. Für den Schritt ergeben sich bei verdoppelter Last 0,7 bis 0,8 PS Nutzleistung. Mit zunehmender Arbeitsgeschwindigkeit (Trab) sinkt natürlich die Nutzleistung. Sie beträgt aber bei 13 Kilometern pro Stunde noch immer 0,2 bis 0,25 PS, also 50% der für das Shetlandpony unter normalen Last und Geschwindigkeitsanforderungen geltenden Normen.

Abb. 45: Die Stute Bärbel, geb. 1948, Gewicht 215 kg, in schwerem Zug, Zugwiderstand 75 kg Last. (Foto: J. E. FLADE, 1958).

Danach sind rund 0,35 bis 0,40 PS als dauernde Normalleistung für ein Shetlandpony von 175 bis 200 kg zu veranschlagen. Im Verhältnis zu den Großpferden ergibt sich dabei das in den Tabellen 31, 32 und 34 zusammengestellte Bild.

Eine genauere Kenntnis über die tatsächlich möglichen Leistungen ergeben Untersuchungen über die Dauer der Körpererholungszeit nach Bewältigung einer bestimmten Last in einer festgelegten Zeit durch die Shetlandponys. Eine Tabelle zeigt das Resultat derartiger Studien, bei denen Shetlandponys unter normalen und extrem abnormen Belastungen geprüft wurden.

Bei einer normalen Nutzleistung von 0,4 PS im Schritt, also hohe Last (25 kg ZW), langsames Tempo, ergab sich die minimale Erholungszeit von einer Minute. Bei einer Verdoppelung der Last (50 kg ZW) bei annähernd gleichem Arbeitstempo erhöhte sich die Zeit vom Ende der Prüfung bis zur vollständigen Beruhigung der Herz- und Atmungsorgane auf 800 %.

Die Beanspruchung des Organismus beim Shetlandpony nimmt als Folge einer Erhöhung der Ganggeschwindigkeit (vom Schritt zum Trab) sehr stark ab. Bei einer Last, die 25 kg ZW entspricht und im Trab bewältigt wird (200 % des Normalwerts), ergibt sich bereits nach 1.000 m Strecke eine ganz erhebliche Überbelastung, die zu einer notwendigen Erholungszeit von 35 Minuten führt. Die äußerste Belastungsgrenze, die anscheinend von gesunden Tieren gerade noch ohne organische Schädigung vertragen wird, liegt bei 2.000m Strecke und 25 kg ZW bei 10,08 Kilometern pro Stunde Ganggeschwindigkeit (≙0,9 PS auf die Dauer von 12 Minuten) im Trab. Die Tatsache, daß im Durchschnitt sofort nach der Prüfung je Sekunde meist zwei Atemzüge gezählt wurden, ist dafür kennzeichnend. Dazu kommt, daß ein Teil der Ponys diese Belastungsprobe nicht freiwillig bis zum Ende durchhält und somit auch dadurch die äußerste noch verträgliche physiologische Leistungsgrenze vorgezeichnet ist.

Die gleiche PS-Leistung im Schritt wird bei weitem nicht so teuer erkauft, da eben der erhöhte Kraftaufwand zur Eigenbewegung des Tieres im Trab eine wesentliche Belastung bringt. In leichten Wagen auf guter Straße ergeben sich nur ganz geringe Zugwiderstände, so daß das Pony praktisch seine ganze Kraft für die Eigenbewegung verwenden kann. Selbst bei einem Tempo von 14 Kilometern pro Stunde auf größeren Strecken (5.000 m) ergibt sich noch kein Leistungsabfall. Ganz besonders günstig sind die Verhältnisse dann, wenn das Trabtempo vom Shetlandpony selbst vorgeschlagen wird. Selbst auf großen Dauerleistungsfahrten über 100 km täglich ergaben sich dann noch Ganggeschwindigkeiten von neun bis zehn Kilometern pro Stunde. Wahrscheinlich liegt bei Beantwortung der Frage nach dem Grund der Unermüdlichkeit der Leistung beim Shetlandpony ein wesentliches Gewicht auf der Kenntnis des vom Tier gewünschten Arbeitstempos. Dieselben Probleme spielen ja auch beim Warmblut- und Vollblutpferd, zum Beispiel Dauerritten) eine entscheidende Rolle. Auch dem Halter von Kaltblutpferden ist in der Regel bekannt, daß geforderte übertriebene Ganggeschwindigkeit den Gesamtorganismus des Kaltblüters stark belastet, wesentlich mehr als bei höherer Nutzleistung (PS) im Schritt.

Tab. 34: Vergleichende Angaben zur Zugleistung bei Shetlandponys. (J. E. FLADE).

Rasse	Gewicht in kg	Last in kg	Geschwindigkeit km/h	Zugkraft in % des Gewichtes
Belgisches Kaltblutpferd	780	2400	5,06	27,6
Groninger Warmblutpferd	700	2100	4,83	27,1
Gelderländer Warmblutpferd	620	1900	5,02	28,2
Shetlandpony	222	1000	5,30	42,8

Relativ zum Gewicht ergeben sich im Vergleich hinsichtlich der Leistung die in einer Tabelle aufgestellten Werte für die Leistung unter normalen Bedingungen. Vergleichende Untersuchungen zeigen das gleiche Resultat, bezogen auf die wirksame Zugkraft in Prozent des Gewichts.

Eine relativ größere Leistung des Shetlandponys im Verhältnis zum Großpferd, bezogen auf das Gewicht, ist also vorhanden. Das gilt besonders für die direkte Leistung in kg Zugwiderstand. Die relativen Ergebnisse für die Nutzleistung (PS) – Kraft in der Zeiteinheit – sind infolge des etwas geringeren Arbeitstempos der Shetlandponys nicht ganz so günstig, liegen aber noch immer geringfügig über denen für das Kaltblutpferd.

Zusammenfassend kann also gesagt werden, daß die dem Shetlandpony nachgesagte hohe Leistungsfähigkeit nachweislich vorhanden ist. Das trifft vor allem bei normaler täglicher Leistung und bei einer kurzzeitiger Höchstleistung zu, deren Dauer die Ponys selbst bestimmen. Jede darüber hinausgehende weitere Belastung schadet dem Shetlandpony ebenso wie jedem anderen Lebewesen.

Abb. 46: Durch die Unermüdlichkeit und Taktreinheit ihrer Trabbewegungen sind Shetlandponys als Fahrpferde sehr geeignet. In den mit viel Mühe zusammengestellten und mit großer Fahrkunst vorgeführten Mehrspännern sind sie eine Augenweide. Dieser 11er-Zug, der zu einer Leistungsschau in Wenigauma vorgestellt wurde, wird das besonders deutlich. Fahrer ist S. KÖLLMER/ Wenigauma, Beifahrer M. WIESENHÜTTER/ Eisenberg. Die drei Vorderpferde (Nachkommen von Eunice van Dieren) kommen mit noch einigen vom Gestüt Dr. WIESENHÜTTER/ Eisenberg-Friedrichstanneck, die weiteren Shetlandponys aus den Ställen S. KÖLLMER/ Wenigauma und M. HAACK/ Greiz. (Foto: W. SEIDEL/ Pausa, 1999).

9 Hinweise für zukünftige Shetland-ponyhalter

Falls Sie, verehrte Leserinnen und Leser, ein solch' sympathisches vierbeiniges Familienmitglied erwerben wollen, sollten sie folgendes beachten:

1. Sie übernehmen mit der Anschaffung eines Shetlandponys die ständige Verantwortung für ein lebendes Wesen mit spezifischen Forderungen an die »artgerechte Tierhaltung«, beispielsweise an den Stall, an die Weide, an die Futtermittel, an die Hufpflege und -bearbeitung sowie vor allem an die Beziehungen zu ihm. Sie müssen mit dem Shetlandpony pferdegerecht umgehen – er ist kein Spielzeug und schon gar keine »Sache«!

2. Erwerben Sie sich vor der Übernahme das für die Ponyhaltung unbedingt notwendige Grundwissen und die praktischen Kenntnisse. Denken Sie auch an die Schritte zu Behörden, Nachbarn, Versicherungen und andere, die notwendig werden könnten; Ihr Tierarzt kennt die aktuellen Bestimmungen für jede Art der Pferdehaltung!

Abb. 47: In der Shetlandponyzucht »Of Baltic Sea« in Flensburg wird den Shetlandponys auch von Kindern etwas beigebracht. (Foto: H. W. KÖLLING, 1997).

3. Jeder Umgang mit einem Pferd, also auch mit diesem kleinen Pony, muß immer dessen systematische Erziehung mit einschließen. Nur fachliches Wissen und Liebe zum Tier führen zu richtigen Konsequenzen und damit auch zur Vermeidung von Unfällen und Schäden!

4. Shetlandponys sind sozial lebende Tiere. Ihr großes Kontaktbedürfnis, was ja gerade so viel Freude macht, muß stets abgedeckt werden. Dazu gehören neben menschlicher Gesellschaft und aktiver Beschäftigung am besten wenigstens ein weiterer Pony oder mehrere Tiere – in einer kleinen Gruppe immer eine gerade Anzahl;

5. Züchten Sie nur, wenn Sie vorher wissen, was mit der Nachzucht geschehen soll. Zur Erhöhung der Verkaufschancen und vor allem im Interesse der Förderung der Rasse sollten die Ausgangspartner ausschließlich in einem Zuchtbuch eingetragene Tiere sein!

6. Lassen Sie sich von einem erfahrenen Shetlandponyzüchter beraten und besuchen Sie seinen Tierbestand, damit Sie sich informieren können. Allein im deutschsprachigen Raum gibt es zur Zeit etwa 1.000 Mitglieder in den einschlägigen Zuchtverbänden; letztere unterstützen Sie ebenfalls, wenn Sie sich an sie wenden.

Abb. 48: Mini-Shetlandpony-Stute (3 Jahre) Bayern's Dolores aus der Shetlandponyzucht »Bayern's« in Dingolfing mit der Tochter des Gestütbesitzers (7 Jahre). (Foto: R. STUMHOFER).

10 Literaturverzeichnis

BARTON, F. T. (1910): From Horses and Practical Horse Keeping – London.

BAUCHLE, A. & L. (1949): Große Liebe zu kleinen Pferden – Berlin.

BEDELL, I. F. (1959): The Shetland Pony – Ames/ Univ. Iowa.

BRAND, J. (1701): A brief description of Orkney, Zetland, Pightland Firth and Caithness – London.

BROWN, TH. (1831): Biographische Skizzen und authentische Anecdoten von Pferden und den übrigen Thieren derselben Gattung. – Weimar.

COX, M. C. (1965): The Shetland Pony. – London.

DENT, A. & D. M. GOODALL (1962): The Foals of Epona. – London.

FISHER, R. (um 1986): Kilverstone Miniature Horse Stud. – Kilverstone, Thetford.

FLADE, J. E. (1954): Zucht und Aufzucht des Shetlandponys. – Z. Tierzucht 8, Berlin.

FLADE, J. E. (1955): Milchleistung und Milchqualität bei Stuten. – Z. Tierzucht 9, Berlin.

FLADE, J. E. (1957): Die Rückzüchtung des polnischen Koniks. – Z. Pferd und Sport 1, Berlin.

FLADE, J. E. (1957): Powrotne krzyzowski koni. – post. nauk. roln. 4, Warszawa.

FLADE, J. E. (1958): Kreuzungen von Zwergpferd und Esel. – Z. Zool. Garten 24, Frankfurt/ M.

FLADE, J. E. (1958): Reziproke Kreuzungen beim Pferd. – Arch. Tierz. l, Berlin.

FLADE, J. E. (1958): Die Verteilung der Geburten bei Pferden auf die Tageszeit. – Z. Tierzucht 12, Berlin.

FLADE, J. E. (1965): Ergebnisse reziproker Kreuzungen und ihre Konsequenzen. – Arch. Tierz. 8, Berlin.

FLADE, J. E. (1978): Kapitel 9 (Wachstum). In Schwark, H. J. Pferde-Nutzung, Züchtung, Fütterung. – Berlin.

FLADE, J. E. (1983): Entwicklung der Körpermaße beim Shetlandpony. – 4. Intern. Symp., Band 2, Univ. Leipzig.

FLADE, J. E. (1990): Der Hausesel. – Lutherstadt Wittenberg.

FLADE, J. E. (1990): Das Araberpferd. 7. Aufl. (1. Aufl.1962) – Die Neue Brehm-Bücherei, Nr. 291, Lutherstadt Wittenberg.

FLADE, J. E. (1991): Kapitel 5 (Pferde). In: Porzig, G. & H. H. Sambraus: Nahrungsaufnahmeverhalten landwirtschaftlicher Nutztiere. – Berlin.

FLADE, J. E. (1994/ 1995): Denken und Verhalten beim Pferd, Teile I bis VIII. – Z. Pferdespiegel, Winterthur.

FLADE, J. E. (1995): Ponys – mehr als nur kleine Pferde. – Z. Traumpferde 19, Stuttgart.

FLADE, J. E. (1996): Shetlandponys. 7. Aufl. (1. Aufl. 1959) – Die Neue Brehm-Bücherei, Nr. 243, Magdeburg.

FLADE, J. E. (2000): Die Esel. 1. Aufl. – Die Neue Brehm-Bücherei, Nr. 638, Hohenwarsleben.

FLADE, J. E. & W. FREDERICH (1963): Beitrag zum Problem der Trächtigkeitsdauer und zu ihrer faktoriellen Abhängigkeit beim Pferd. – Arch. Tierz. 6, Berlin.

FLADE, J. E. & K. H. GLEß (1992): Kleinpferde. 4. Aufl. (1. Aufl. 1976). – Berlin.

HAACK, H. (Hgb., 1967): Völkerkunde für jedermann. 2. Aufl.– Gotha/ Leipzig.

HASSENBERG, L. (1971): Verhalten bei Einhufern. – Die Neue Brehm-Bücherei, Nr 427, Lutherstadt Wittenberg

HOFFMANN-BURCHARDI, H. (1968): Das Seevogelparadies der Shetlandinseln. In H. Wirth: Geschützte Natur. – Lutherstadt Wittenberg.

KRISCHE, G. (1977): Im Ursprungsland der Shetlandponys. – Z. Panthera, Leipzig.

LIEBENBERG, O. (1953): Der Einfluß verschiedener Umweltfaktoren auf die Befruchtungsfähigkeit der Vatertiere. – Radebeul und Berlin.

NESENI, R., J. E. FLADE, G. HEIDLER & H. STEGER (1958): Milchleistung und Milchzusammensetzung bei Stuten im Verlaufe der Laktation – Arch. Tierz. l, Berlin.

NOBIS, G. (1962): Zur Frühgeschichte der Pferdezucht. – Z. Tierzüchtg. 64.

NOBIS, G. (1971): Vom Wildpferd zum Hauspferd.– Fundamenta. Monogr. D. Urgeschichte, R. B., Bd. 6, Köln.

PAS, L. de (1967): Le Poney. – Paris.

SZABÓ, M. (1971): Auf den Spuren der Kelten in Ungarn. – Budapest.

TEMBROCK, G. (1984): Verhalten bei Tieren 3. Aufl. – Lutherstadt Wittenberg.

UPPENBORN, U. & H. J. SCHWARK (1995): Ponys. 6. Aufl. (l. Aufl. 1968). – Stuttgart.

VOLF, J. (1996): Das Urwildpferd. 4. Aufl. (1. Aufl. 1959) – Die Neue Brehm-Bücherei, Nr. 249, Magdeburg.

WIESENHÜTTER, Christian (2000): Millenium 2000 – Bericht über eine Reise nach Schottland und den Shetland-Inseln im August 2000. Maschinenauszug. Eisenberg.

11 Register

INTERESSENGEMEINSCHAFT
DER SHETLANDPONYZÜCHTER e.V.

Wir über uns...

Unsere Sache begann im Mai 1987 in Wallenhorst. Dort trafen sich deutsche Shetlandponyzüchter, um sich in einer überregionalen, zuchtverbandsunabhängigen und bundesweiten Interessengemeinschaft zusammenzuschließen. Es war die Geburtsstunde der »Interessengemeinschaft der Shetlandponyzüchter«, kurz IGS genannt.

Unsere Aufgabe sehen wir zum einen in der Ausrichtung von bundesweiten Schauwettbewerben und speziellen Sportveranstaltungen, die die unterschiedlichen Verwendungsmöglichkeiten von Shetlandponys und Deutschen Part-Bred Shetland-Ponys im Sport- und Freizeitbereich demonstrieren. Desweiteren ist uns die Kontaktpflege und gegenseitige Hilfe in Fragen der Zucht, Haltung und auch der Vermarktung unserer Ponys ein besonderes Anliegen, wozu auch die Organisation spezieller Lehrgänge und Fachvorträge gehört.

Unsere Mitglieder erhalten vierteljährlich unsere Vereinszeitschrift, die Shetty-Info.

Seit 1999 wollen wir auch die Jugendarbeit besonders fördern und haben die »IGS für Kids« gegründet, in der für Jugendliche von 7 bis 18 Jahren spezielle Veranstaltungen angeboten werden, mit dem Ziel, sie auch über das Kinderalter hinaus für das Shetlandpony zu gewinnen.

Auch Nichtzüchter, Besitzer, sowie Freunde und Liebhaber der Rassen Shetlandpony und Deutsches Part-Bred Shetland-Pony sind in unserer Interessengemeinschaft herzlich willkommen.

Kontaktadresse: IG Shetland e.V. Geschäftsstelle
Frau Sabine Deeke
Große Weide 17a
38518 Gifhorn

Tel.: 05371/932867   Fax: 05371/932869
Internet: www.ig-shetland.de

Shetlandponyzucht "of Baltic Sea"

Bei uns hat ein gutes Pony keine spezielle Farbe, sondern einen guten Charakter, viel Fundament und Eltern, Großeltern und Urgroßeltern aus den besten englischen Blutlinien!

Duclamara St. Henro
Champion of the Champions-Chip 2000
4. Internationale Shetlandpony Show

Es decken unsere Hengste im Herdenverband.

Heros v. Heesselt
Fuchsscheck; 1,04m; 15er Röhrbein

Faffner of Baltic Sea
Siegerhengst 2000 Neumünster
Brauner; 0,84m; 14er Röhrbein

Klavier v. 'T Laantjé
Rappe; 1,03m; 15er Röhrbein

Nesch of Baltic Sea
Rappe; 0,99m; 15er Röhrbein

Casch of Baltic Sea
Rappe; 1,02m; 15er Röhrbein

Auf unseren Weideflächen der Halbinsel Holnis wachsen unsere Shetlandponys in Offenstallhaltung auf.
Sie werden von Kindern geritten, gefahren, ausgebildet und auf Schauen vorgestellt

Tips und Infos über gute Ponys erhalten Sie bei:

Familie Hans W. Kölling
Shetlandponyzucht **"of Baltic Sea"**
Twedter Holz 25
24944 Flensburg

Tel. 0461-311117
Fax 0461-3154359
www.shetland-pony.de
hw.koelling@gmx.de

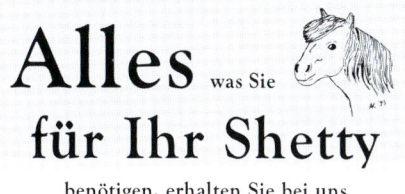

Besuchen Sie uns
im Internet!
http://www.westarp.de